ASHOKKUMAR PATEL

Análise fitossociológica de plantas

ASHOKKUMAR PATEL

Análise fitossociológica de plantas

Estudos ecológicos da floresta de reserva de Vadgam Taluka de Banaskantha

ScienciaScripts

Imprint

Cover image: www.ingimage.com

This book is a translation from the original published under ISBN 978-620-7-45833-2.

Publisher:
Sciencia Scripts
is a trademark of
Dodo Books Indian Ocean Ltd. and OmniScriptum S.R.L publishing group

120 High Road, East Finchley, London, N2 9ED, United Kingdom
Str. Armeneasca 28/1, office 1, Chisinau MD-2012, Republic of Moldova, Europe
Printed at: see last page
ISBN: 978-620-7-79851-3

Conteúdo

UMA PALAVRA DE GRATIDÃO

" As palavras são maus substitutos para exprimir os sentimentos", disse um poeta com razão. Não tenho palavras para exprimir a minha gratidão ao meu ilustre orientador, Dr. Y. B. Dabgar, Diretor, R. R. Mehta College of Science & C. L. Parikh College of Commerce, Palanpur, e ao ilustre co-orientador, Dr. B. K. Jain, Diretor, M. G. Science institute, Ahmedabad, pela sua orientação e sugestões.

Agradeço ao Dr. N. K. Patel HOD, Sheth M. N. Science College, Patan, pelo apoio que me deu.

Os seus esforços incansáveis para observar e acelerar o progresso do meu trabalho e também para me darem o seu amor paternal deixam-me sem palavras. Agradeço-lhes do fundo do coração tudo o que fizeram por mim.

POR.

DR. ASHOK H. PATEL

BANCO MUNICIPAL DE ARTES E URBANISMO

FACULDADE DE CIÊNCIAS, MEHSANA

RECONHECIMENTO

Com um profundo sentimento de gratidão, apresento os meus sinceros agradecimentos ao Dr. Yogesh B. Dabgar, Diretor do R. R. Mehta College of Science e do C. L. Parikh College of Commerce, Palanpur, pela sua valiosa orientação e pelos incentivos que me deu ao longo deste trabalho de investigação. O tipo de ajuda, orientação e conselhos que me deu constantemente ajudaram-me a manter o meu trabalho numa altura em que cheguei a pensar em desistir da ideia de fazer o doutoramento.

Estou profundamente grato ao respeitado Dr. B. K. Jain, Diretor, M. G. Science Institute, Ahmedabad, Ele também me deu ajuda informal e pessoal quando eu mais precisava. Estou-lhe grato do fundo do meu coração.

Agradeço sinceramente ao respeitado Dr. K. M. Patel, Rtd. Diretor e aos membros do pessoal do Departamento de Botânica, Dr. K. G. Patel, Prof. P. P. Mehta e Shri K. C. Patel, Shri Hiren Raval, Shri G. J. Makwana, Pappu Bhaiya e nosso pessoal de escritório, Municipal Arts & Urban Bank Science College, Mehsana, eles também me deram ajuda pessoal e bênção para o início e conclusão deste trabalho.

Estou muito grato a todos os informadores, professores, informadores tribais, funcionários florestais e ao Departamento Florestal de Palanpur e Vadgam, bem como a todas as pessoas tribais que colaboraram na recolha de dados valiosos para este trabalho. Estou muito grato a Gira Akhani pela sua amável ajuda na recolha de dados junto de várias ONG.

O trabalho meticuloso desta tese foi efectuado por Shri Bhavesh H. Patel, Mr. Prakash K. Patel, Dr. Bharat K. Patel, Mr. Nirav H. Patel, Shri Nirgosh I. Patel, Shri Kamlesh N. Patel com grande interesse e entusiasmo, utilizando a computação gráfica e a tecnologia de digitalização. Agradeço a sua cooperação pelo valioso trabalho que me prestaram. Estou grato a Miss. Varsha P. Patel, Miss. Rosani B. Patel, Miss. Niru B. Patel e Miss. Hetal N. Patel pela sua ajuda na análise estatística dos dados.

Por último, exprimo o meu mais profundo apreço por todos os membros da minha família, em especial a minha querida esposa Mina e os meus filhos Diya e Yash, os meus pais Hargovanbhai e Manguben, Kanjibhai e Narmdben, Shri Naresh K. Patel e Rasmikaben, que me inspiraram e prestaram os seus serviços desinteressados durante esta enorme tarefa, ao longo de mais de quatro anos.

Obrigado a todos por me ajudarem no meu trabalho.

1 INTRODUÇÃO

1.1. Inspiração para a investigação...

A biodiversidade é a variedade da vida na terra. Biodiversidade ou diversidade biológica é a variedade dos organismos do mundo com base em variações de formas, cores, comportamentos, movimentos, etc. Inclui a variação do ecossistema e das espécies.

Todos os seres vivos da Terra fazem parte de um grande sistema interdependente e interagem e dependem dos componentes não vivos da atmosfera do planeta, dos oceanos, dos rios, das rochas e dos solos. A biodiversidade diz sempre respeito à variabilidade da natureza viva numa determinada área ou região. Isto significa que a Biodiversidade lida com unidades biológicas e geográficas e regiões biogeográficas.

O nosso planeta tem entre 3 e 30 milhões de espécies de plantas, animais, fungos, procariontes unicelulares e eucariontes unicelulares. Destas, apenas cerca de 1,4 milhões de espécies foram nomeadas até à data e menos de 1% foram estudadas quanto às suas relações ecológicas e ao seu papel no ecossistema. Por conseguinte, a compreensão da sua natureza e riqueza exige a distinção e a descrição destas unidades biológicas e biográficas.

A biodiversidade é reconhecida como o substrato do sistema de suporte de vida da natureza. A biodiversidade é uma fonte de alimento renovável para os habitantes locais. A mãe terra, com os recursos naturais, fornece a todos de tal forma que todas as criaturas podem satisfazer as suas necessidades básicas. Os recursos biológicos constituem a base da vida na Terra, incluindo a dos seres humanos.

A floresta tem estado intimamente associada à vida das tribos, uma vez que dela retiram alimentos, forragens, medicamentos e material de habitação. Estas pessoas dependem principalmente da floresta para a sua sobrevivência, porque ao recolherem e venderem alguns artigos como o mel, algumas plantas, flores e frutos, goma e folhas da floresta, criam a sua fonte de rendimento. Nos países em desenvolvimento, a maior procura de florestas é a lenha. Mais de 1500 milhões de pessoas dependem da madeira para a sua existência.

O desequilíbrio ecológico no mundo já se tornou uma das maiores preocupações do mundo atual. Devido às actividades absurdas do homem, a ecologia de muitas regiões irá certamente piorar nos próximos anos. Não há dúvida de que o homem tem de depender de fontes naturais para a sua existência. Atualmente, o homem esqueceu o processo de reciclagem dos recursos naturais e, consciente ou inconscientemente, cria obstáculos a este processo de reciclagem da natureza. A solução para este desequilíbrio ecológico tem sido, desde há muito, uma área de interesse dos investigadores.

Na Biodiversidade, as florestas enfrentam atualmente uma destruição sem precedentes devido às alterações humanas e ambientais que resultam na extinção da flora e da fauna. A procura crescente de produtos florestais e várias actividades antropogénicas, como o interesse das pessoas pela natureza, os numerosos clubes de vida selvagem, os jardins botânicos e as organizações não governamentais de conservação, causam grandes danos à floresta. Para além disso, a popularidade dos jardins zoológicos e a exploração de aves e animais não deve passar despercebida neste sentido. Também devido à ignorância das pessoas em relação aos recursos biológicos, muitas espécies de plantas têm vindo a desaparecer sem sequer serem documentadas. Desta forma, o cenário da floresta tem vindo a mudar de dia para dia.

As várias formas de diversidade, interdependência, cadeias alimentares e teias alimentares são importantes para a sobrevivência de todos os seres vivos do planeta. Como o nosso país é um dos países com maior biodiversidade do mundo, devemos prestar mais atenção à conservação das espécies, porque o mundo está a mudar muito rapidamente e as preocupações ambientais são consideradas da maior urgência.

Assim, a biodiversidade é uma das principais questões globais debatidas em todo o mundo. É muito evidente que a biodiversidade pode fornecer soluções para os principais problemas globais, incluindo a alimentação da população humana e a satisfação das necessidades mais essenciais dos seres humanos. Todas as necessidades básicas dos seres humanos são satisfeitas pela biodiversidade, especialmente pelas plantas com flores. Por outras palavras, não podemos comer nem respirar sem plantas neste planeta. Por conseguinte, a avaliação e a documentação da biodiversidade tornaram-se uma necessidade urgente dos nossos dias. São necessários estudos florísticos repetidos para avaliar a biodiversidade e as alterações na composição florística de uma região no tempo e no espaço. Devido às rápidas alterações ambientais, a flora registada em várias áreas sofreu muitas alterações e necessita de uma monitorização constante e de uma estratégia de conservação adequada. Assim, podem ser feitos esforços para conservar o máximo de biodiversidade, a sua utilização de forma sustentável e fornecer soluções para os problemas globais. Assim, o investigador virá a conhecer os parâmetros florísticos e ecológicos das regiões seleccionadas.

A taxonomia é uma parte da ciência biológica que se ocupa das variações entre os organismos vivos. A taxonomia, a ecologia e a biografia desempenham um papel importante no estudo da biodiversidade. Assim, a biodiversidade divide-se em vários tipos de diversidade taxonómica e de diversidade ecossistémica. A diversidade taxonómica é sobretudo interpretada como a variação entre e dentro das espécies. A diversidade ecossistémica diz respeito às variações nas regiões biográficas, paisagens e habitats.

O objetivo do perfil do ecossistema em ecologia é apresentar uma visão geral das causas da perda de biodiversidade numa determinada região e associar esta avaliação a um inventário das actividades de conservação actuais, a fim de identificar o nicho.

1.2. Biodiversidade da Índia

A Índia é rica em biodiversidade e é um dos 12 países com maior diversidade do mundo. A Índia possui 10,78% da flora do mundo. É o segundo país mais rico do mundo, a seguir ao Brasil, em número de espécies de plantas. Na Índia, existem 45364 espécies de plantas e 17564 espécies de plantas com flores. As restantes espécies são compostas por bactérias e plantas não floridas, incluindo algas, fungos, líquenes, hepáticas, musgos e fetos. Estas plantas encontram-se em diversos habitats, desde colinas rochosas e colinas arenosas, a vários tipos de habitats, incluindo florestas de folha caduca, florestas primárias de planície e vegetação nas montanhas mais altas do país.

Embora a Índia possua uma rica biodiversidade, os rápidos progressos registados na agricultura e a exploração desequilibrada das florestas resultaram num rápido declínio de muitas formas vegetais diferentes. Para além disso, existem várias ameaças devido à destruição do habitat, à fragmentação e à exploração excessiva dos recursos.

1.3. Estudo florístico na Índia

A região da Índia, sendo uma das regiões de mega diversidade do mundo, suporta uma enorme biodiversidade de linhagem antiga. Hoje em dia, a Índia tem 26 centros endémicos reconhecidos que estão relacionados com a identificação e descrição das plantas com flor. Entre 315 famílias de plantas com flor, cerca de 17500 espécies pertencem a 2250 géneros. Na Índia, uma grande parte desta diversidade é endémica. A flora angiospérmica, que abrange diferentes tipos de floresta, tem cerca de 4950 espécies de plantas endémicas (MoEF, 1999). Assim, a Índia tem o seu património antigo, a sua singularidade florística e a sua rica diversidade de recursos vegetais agrícolas nativos ou tradicionais e outros recursos vegetais económicos, conservados ou protegidos durante muito tempo pelas mãos de comunidades tribais ou grupos étnicos. O Botanical Survey of India assumiu a revisão das famílias para a Flora da Índia. Neste sentido, foram já publicados vários fascículos.

1.6. Seleção da região

A maioria dos investigadores anteriores não conseguiu cobrir taxonomicamente as florestas da reserva florestal de Vadgam taluka. Além disso, nos trabalhos dos taxonomistas e botânicos supramencionados, o estudo da região de Sebhargog de Vadgam taluka permaneceu intocado.

A floresta da cordilheira de Vadgam faz parte das colinas de Aravalli. A biodiversidade desta zona é muito rica em espécies floridas. O presente estudo foi efectuado com o objetivo de apresentar uma nova exploração e uma descrição científica e exaustiva da flora desta floresta.

Tendo em conta os pontos acima referidos, o presente estudo desenvolve o seguinte trabalho.

- Preparação de uma documentação científica ilustrativa da diversidade de espécies de Angiospermas que ocorrem na floresta da cordilheira de Vadgam, no distrito de Banaskantha.
- Levantamento pormenorizado das espécies vegetais, incluindo a documentação das formas de vida das famílias de plantas com flor, através da recolha de amostras, identificação e descrição botânica.
- Abundância, densidade e frequência das espécies vegetais.
- GBH dos indivíduos da espécie arbórea.
- Inquérito para recolher informações sobre as espécies vegetais locais, raras e ameaçadas de extinção.

- Observação da associação de espécies vegetais.
- Pressão antropogénica sobre as espécies vegetais.
- Recomendação para conservar as espécies vegetais da floresta.

2 REVISÃO DA LITERATURA

Neste capítulo, foi feita uma tentativa de rever a literatura relevante e relacionada com o presente estudo a partir de várias fontes de flora, revistas de investigação, livros, sítios Web e outra literatura relacionada. Para desenvolver um quadro concetual e uma conceção adequada para o estudo, é necessária uma revisão de estudos anteriores.

Uma revisão da literatura revela que foi efectuado um grande número de levantamentos florísticos na Índia e em Gujarat. Trabalhadores anteriores deram contributos significativos no domínio da flora e da vegetação de algumas regiões seleccionadas de diferentes localidades do Estado.

A flora angiospérmica, que abrange diferentes tipos de florestas, tem cerca de 4950 espécies de plantas endémicas (MoEF, 1999). A Índia é um dos doze países do mundo com megadiversidade (Zeven e de Wet, 1982). As causas subjacentes à perda de biodiversidade são, no entanto, a pobreza, as políticas macroeconómicas, a política comercial internacional, o fracasso de uma legislação ambiental deficiente, a fraca aplicação da lei, um projeto de desenvolvimento insustentável e a falta de controlo local sobre os recursos (Wood et. al., 2000). As pressões populacionais e o aumento concomitante da recolha de lenha e forragem das florestas pelas comunidades locais afectam as florestas e, consequentemente, a sua biodiversidade.

Um seminário realizado em 1982 indicou que cerca de 3000 a 4000 espécies de plantas superiores podem estar ameaçadas na Índia. Desde então, o Projeto de Estudo, Levantamento e Conservação de Espécies de Flora Ameaçadas (POSSCEP) documentou parcialmente estas plantas e publicou os seus resultados nos Livros de Dados Vermelhos do Serviço Botânico da Índia (Nayar e Sastry, 1987- 88).

A flora de um país é o guia básico da sua riqueza vegetal, uma vez que a botânica sistemática se ocupa sobretudo de espécies selvagens. Para preservar ou propagar a espécie certa no sítio certo, é necessário conhecer a distribuição e a abundância da vegetação, a sua conservação para a geração seguinte e preservar a flora e a fauna dependentes da mesma floresta.

A "Flora da Índia" é o sonho há muito acalentado pelos taxonomistas indianos. Atualmente, muitas instituições de investigação na Índia, como o Botanical Survey of India, o Forest Research Institute, etc., estão ativamente empenhadas no trabalho taxonómico. Muitos

Os botânicos estão agora a trabalhar ativamente nos levantamentos florísticos e já foram elaboradas várias floras regionais.

Foram efectuados estudos florísticos por muitos cientistas na Índia. Hooker publicou 7 volumes da "Flora of British India" (1872 - 1897). Em 19th século, foram publicadas várias floras locais por área. Seguem-se algumas das mais importantes que apareceram durante este período: Bombaim (Grahm, 1839), Monte Abu (Macadam, 1890) e Punjab (Stewart, 1869).

Flora of the Presidency of Bombay (Cooke, 1901-1908), várias floras de pequenas áreas como Flora of Khandla (Santapau, 1953), The Flora of Saurasthra (Santapau, 1962), Flora of the Rajasthan Desert (Bhandari, 1977), foram publicadas pelo

Botanical Survey of India, estimulando a investigação taxonómica crítica na Índia.
O Botanical Survey of India iniciou a revisão das famílias para a Flora da Índia. Vários fascículos já foram impressos.
Registos do Botanical Survey of India, Annals of the Royal Botanic Garden, Calcutá, Indian Forest Records, Indian Forester e Journal of the Bombay Natural History Society. A literatura científica contribuiu significativamente para o conhecimento da flora desta região.
O trabalho fitossociológico de Danta taluka do distrito de Banaskantha foi efectuado por Patel (2000) e Patel (2002). Ant (2000) efectuou um estudo exaustivo sobre o trabalho etnobatânico de Aravalli em Banaskantha. Assim, estes poucos trabalhos indicam que o estudo taxonómico e o levantamento ecológico em Vadgam taluka permaneceram particularmente inexplorados até hoje.
O presente trabalho é realizado como um estudo florístico e ecológico da floresta de reserva de Vadgam taluka do distrito de Banaskantha do Norte de Gujarat.

3 ÁREA DE ESTUDO

3.1. Sobre a Índia

A Índia é o sétimo maior país do mundo. O continente indiano estende-se de 8°,4' a 37°,6' de latitude norte e de 68°,7' a 97°,25' de longitude leste, com uma área total de cerca de 329 milhões de hectares, o que representa apenas 2,2% da superfície terrestre do mundo. A Índia tem uma área florestal total de 774263 km2, pertencente à superfície terrestre total de 3287263 km2. A Índia é, de facto, muito rica em diversidade biológica e estima-se que cerca de 46 286 espécies de plantas ocorram no nosso país. A Índia possui 6% da vegetação total do mundo.

3.2. Sobre Gujarat

O estado de Gujarat está situado entre a latitude de 20°.01'N e 24°.07'N e a longitude de 68°.04'E e 74°.04'N E. A área geográfica do estado é de 196024 quilómetros quadrados. O clima do Estado é tropical, no entanto, o mesmo é consideravelmente moderado devido à longa linha costeira. Aquando da formação do Estado (1960), a área florestal total do Estado era de cerca de 15 430 km2. (ou seja, 7,9 por cento da área geográfica). Esta área aumentou para cerca de 19 120 km2 no início do ano 2000 (ou seja, cerca de 9,6 por cento).

No entanto, a análise baseada em imagens de satélite revelou que a área sob cobertura florestal efectiva no Estado é de apenas cerca de 16 000 km2 (ou seja, cerca de 8%). (ou seja, cerca de 8 por cento).

O Gujarate é muito rico em termos de composição florística. Devido à sua localização geográfica única, às diversas condições edafoclimáticas e à diversidade dos ecossistemas, Gujarat tem sempre uma grande diversidade de flora e fauna selvagens, de culturas e de gado. A diversidade total de espécies registada em Gujarat está estimada em 7 374, incluindo 4 320 espécies de plantas e 3 054 espécies de animais. Existem 2198 espécies de plantas com flor, pertencentes a 902 géneros e 155 famílias, que representam 12,91% da flora do país. (G.E.C 1996).

O Estado de Gujarat tem quatro tipos de florestas: florestas tropicais húmidas de folha caduca, florestas tropicais de espinhos, florestas litorais ou de mangais e florestas tropicais secas de folha caduca, etc.

Gujarat tem um total de 5242,87 Km. 3946,27 Km. de zonas húmidas naturais e (1296,60 Km.) de massas de água artificiais (MoEF, 1990). Embora a maior parte das zonas húmidas interiores de Gujarat sejam também utilizadas para o abastecimento de água para uso doméstico e para irrigação e ajudem a recarregar os aquíferos subterrâneos, elas suportam sazonalmente o crescimento de vegetação pantanosa utilizada como fonte de combustível e forragem e como áreas de pastagem. Muitas das zonas húmidas naturais que retêm água durante períodos mais longos são importantes para a biodiversidade, em especial para as aves aquáticas.

3.3. Zona de estudo escolhida em Banaskantha

O distrito de Banaskantha está incluído na floresta tropical decídua seca e nas florestas tropicais espinhosas. A região de Vadgam taluka está situada no distrito de Banaskantha. Banaskantha é um distrito no nordeste do estado de Gujarat, na Índia, que se situa entre 20°.55' e 25°.5O' de latitude e 71°.O2' e 72°.55' de longitude.

A região deve o seu nome ao rio West Banas, que atravessa o vale entre o Monte Abu e a cordilheira de Aravalli, entrando nas planícies de Gujarat nesta região e fluindo em direção ao Rann de Kutch. Banaskantha tem uma população de 2.504.244 habitantes, dos quais 12,00% eram urbanos em 2006 (Dist. Gazette). Cobre uma área de 10 751 km2, cerca de 5,5% da área total do Estado. Banaskantha faz fronteira com o estado de Rajasthan a norte, com o distrito de Sabarkantha a leste, com o distrito de Kutch a oeste e com os distritos de Patan e Mehsana a sul.

Vadgam taluka situa-se na parte oriental do distrito de Banaskantha, ocupando a posição 10th no distrito, com uma área de 565,87 km2, ou seja, cerca de 5,26% da área total do distrito. 110 aldeias de Vadgam taluka constituem a reserva florestal de Vadgam. A região tem fronteiras comuns a norte e a oeste com a floresta da cordilheira de Palanpur e os santuários de Balaram, a sul com a planície de Siddhapur do distrito de Patan, bem como com as cordilheiras de Ambaji (norte) e Danta (leste). No entanto, a região estende-se pela parte oriental do distrito de BanasKantha, ocupando Danta e parte de Palanpur e uma pequena área de Vadgam talukas. Banaskantha está rodeada pelo Estado do Rajastão a norte, pelo vale de Banas a oeste, pelo distrito de Mahesana a sul e pelo distrito de SabarKantha a leste. Esta região estende-se principalmente pela parte sudeste do distrito de BanasKantha, abrangendo os talukas de Palanpur e Vadgam. Faz fronteira com o vale de Banas a oeste e a norte, com a cordilheira de BanasKantha Aravalli a leste e com o distrito de Mahesana a sul.

Toda a floresta do distrito de Banaskantha cobre uma área de 1106,55 quilómetros quadrados em diferentes 9 faixas de florestas com 12 talukas do distrito de Banaskantha. A floresta da faixa de taluka de Vadgam é uma delas, que se expande em Palanpur até à floresta da faixa de Danta. A região está coberta por 565,87 quilómetros quadrados.

Fisiograficamente, a região é altamente elevada no distrito e varia entre 100 e 300 metros acima do nível do mar. A região é formada pelos rios Uamardasi e Saraswati. Esta planície tem uma elevação de 100 metros acima do nível do mar. Os principais rios que drenam a região são o Umardasi e o Saraswati. A estrutura geológica é constituída por alumínios, areias sopradas, etc.

3.4. Detalhes da área de estudo

A reserva florestal de Vadgam taluka está situada a 72' 49' E de longitude e 23' 59' N de latitude. A área está situada a cerca de 750 pés acima do nível médio do mar. O clima geral é semi-árido.

Fica a 35 km da sede do distrito de Palanpur. A área florestal de reserva de Vadgam taluka está dividida em duas faixas florestais, v/z. Floresta de Danta Oeste e floresta de Palanpur. A área total de cobertura florestal é de 1321,8 hectares.

A zona florestal de Danta inclui cinco aldeias v/z. Navi sendhani, Juni sendhani, Sherapura, Joita, Bhankhari, e a cadeia florestal de Palanpur inclui três aldeias v/z. Jalotra, Dhora, Pavthi. A zona tem limites físicos e locais bem definidos, que são os seguintes

Norte: limite da aldeia do santuário de Balaram
Sul: limite da aldeia de Kheralu e Vadnagar taluka
Este: limite da aldeia de Sidhpur taluka
Oeste: limite da aldeia de Danta taluka
A floresta de reserva de Vadgam taluka abrange uma área florestal de 1321,8 hectares (média), incluindo as aldeias de Vadgam e Palanpur taluka. Com base na classificação florestal efectuada por Champion e Seth em 1968, existem em Gujarat quatro tipos de florestas, dos 16 tipos principais existentes no país. O tipo de vegetação caraterístico e principal da área são as florestas decíduas secas. Existem também manchas de arbustos espinhosos, prados, vegetação ribeirinha, parasitas e epífitas e vegetação cultivada.

3.4.1 Colinas

O Aravalli, que é a cordilheira mais antiga de Gujarat, situa-se em grande parte no Rajastão e em todo o Gujarat.
Algumas partes das aldeias da área de estudo são planas. No entanto, algumas são montanhosas e repletas de pequenos montes e colinas. Os montes e colinas espalhados em diferentes partes são conhecidos por diferentes nomes. A área florestal da zona é altamente ondulada, com cadeias de colinas de alturas variáveis. As colinas importantes (dungra / bhankhara) da região em estudo, a floresta de reserva de Vadgam. Os montes e as colinas formam uma rede que conduz aos nallah maiores, que entram nas planícies e desaguam finalmente nos rios.
A parte oriental da taluka de Dhanera, juntamente com a parte nordeste da taluka de Palanpur e toda a área da taluka de Danta e a parte oriental da taluka de Vadgam são montanhosas. Os montes e colinas espalhados em diferentes partes são conhecidos por diferentes nomes e abrangem várias aldeias como Dhori, Pavathi, Mumanvas, Serpura (Sebhar), Navisedhani, Jalotra, Joita e Bhankhari da área de estudo. As colinas e colinas da floresta de reserva de Vadgam taluka dividem-se em dois tipos: colinas arenosas e colinas pedregosas. Estas têm uma quantidade abundante de areia nas colinas e planícies.

3.4.2 Drenagem

Os rios que atravessam o distrito e alguns com origem no distrito são Banas, Arjuni, Saraswati, Sipu, Balaram, Khari, Khapra, Kalari, Gujudi, Dholka, Umardashi, Chekaria, Selvan, Rel, Ravi e Sirinala. O comprimento total do rio Banas é de 142 km no distrito. A origem do Arjuni situa-se nas colinas de Ambaji. Os hindus consideram o rio Arjuni sagrado. Trata-se de um grande rio. Depois de nascer nas colinas de Ambaji e de se encontrar com o Saraswati, chama-se rio Saraswati. O comprimento do rio Arjuni é de 42 km no distrito.

3.4.3 Lagos

Existem alguns lagos no distrito. Cobrem 3 km^2 , da área de estudo. Gangasagar é um dos lagos mais importantes. Situa-se na aldeia de Mumanvas em Vadgam taluka. A água do lago é utilizada para irrigação nas terras circundantes. O governo de Gujarat desenvolveu alguns pequenos lagos e barragens na nossa área de estudo.

3.4.4 Clima

O clima é subtropical, com um verão muito quente e um inverno relativamente moderado. A maior parte do ano é geralmente seca, mas o inverno é muito frio. O ano pode ser dividido principalmente em três estações: o verão vai de março a junho. A estação das chuvas vai de julho a setembro e o inverno de novembro a fevereiro.

Existem dois tipos de estações no distrito. verão e inverno (quente e seco). O verão é muito quente e o inverno é muito frio. O clima é húmido nos distritos do sul e seco na região norte. O clima da área florestal é semi-árido e a área é maioritariamente montanhosa e arenosa. A maior parte da floresta está coberta por árvores e arbustos tropicais de folha caduca.

As colinas arenosas cobrem a maior parte desta área e as florestas também são constituídas por diversas características topográficas e paisagens, com colinas, florestas, aldeias, planícies estéreis, colinas rochosas de baixa altitude e em queda.

3.4.5 Padrão e distribuição da precipitação:

A precipitação na região é muito irregular e distribuída de forma desigual. As chuvas começam geralmente na última semana de junho e continuam de forma intermitente até ao final de setembro. A maior intensidade de chuva é geralmente observada no mês de julho. A precipitação média anual é de cerca de 60 a 75 cms. A precipitação média anual durante os últimos dez anos é de 82 cm, mas durante os últimos dois anos a precipitação média é de 110 cm. O número de dias de chuva é, em média, de 20 a 25.

3.4.6 Temperatura

Observa-se uma grande variação de temperatura durante todo o ano na região. O verão é geralmente muito quente. A temperatura aumenta rapidamente a partir de meados de março. maio e junho são os meses mais quentes, quando a temperatura atinge os 44° C. A temperatura começa a descer no mês de outubro, após a retirada da monção. janeiro é o mês mais frio, com uma temperatura mínima diária média de cerca de 7° C.

3.4.7 Humidade

Durante a estação das monções, a humidade relativa é elevada e atinge geralmente os 60-85%. No verão, a humidade relativa situa-se entre 20-30%. O ar é maioritariamente seco durante o resto do ano.

3.4.8 Vento

Os ventos sopram de sudoeste para nordeste durante o verão. Os ventos sopram geralmente a uma velocidade moderada e raramente ultrapassam os 40-60 kms por hora. Durante o verão, observam-se por vezes tempestades de poeira.

3.4.9 Tipo de floresta

Os constituintes florais da área podem ser classificados em termos gerais como floresta tropical decídua seca, floresta *de acácia*, floresta de *Anageissus*, floresta de *Boswellia*, floresta de *Cassia auriculata*, floresta de scurb, floresta de espinhos do deserto, floresta de *Aegle mermelos* e floresta do tipo *Butea.*

A floresta de reserva de Vadgam taluka cobre uma área florestal de 1321,9 hectares (média) e as aldeias de Danta range e Palanpur range forest. Existem também manchas de arbustos espinhosos, prados, vegetação ribeirinha, parasitas e epífitas e vegetação cultivada.

3.4.10 População

A população humana proeminente da zona é constituída pelos patidar, Aanjna, Maldharis, Garasiya, Darbar, Thakor, Bharthari, Desai, Raval e Madari da população tribal e rural.

3.4.11 Principais plantas cultivadas

As principais culturas são Makai, Bajara, Jowar e Trigo, enquanto as leguminosas são Tur, Moong e Chana e as plantas oleaginosas como Arandea (rícino), Rai (mostarda), Tal (linhaça), algodão e amendoim também são cultivadas.

4 METODOLOGIA

4.1 Trabalho de campo:

O estudo florístico significa preparar uma lista de espécies de plantas disponíveis na área. Consoante a necessidade de verificar o trabalho de campo, este divide-se, em termos gerais, da seguinte forma

4.1.1 Zona de estudo para a recolha:

A área de estudo está dividida em várias partes para observação no terreno. A área de estudo é vasta, por isso, fiz uma divisão da área que fosse conveniente para o estudo, boa para a observação e que ajudasse a conhecer a riqueza da flora nessa área. Toda a região foi dividida em sub-regiões específicas, tendo em conta a densidade florestal e as características geográficas.

4.1.2 Viagens de recolha:

Para o estudo florístico, são necessárias visitas de campo durante as várias estações do ano. Foram efectuadas várias viagens de campo, com uma duração de 4 a 6 dias, a intervalos regulares, em várias partes de Vadgam taluka. Foi efectuado um levantamento exaustivo e intensivo das aldeias, florestas, margens do rio, quintas, etc.

4.1.3 Expedições para explorações e colecções :

A exploração e a recolha são realizadas com vista à elaboração de relatos florísticos pormenorizados, à preparação de herbários e ao estudo taxonómico das plantas da região. Foram efectuadas expedições a zonas remotas e normalmente inacessíveis, em especial florestas densas e regiões montanhosas. A área é intensamente estudada e as recolhas foram feitas regularmente em diferentes estações. As expedições destinam-se ao contacto com especialistas e populações locais em trabalhos de campo e à recolha de informações locais. Durante as expedições, as recolhas foram feitas de forma muito intensiva e cuidadosa, juntamente com especialistas e taxonomistas locais experientes da área. Foram recolhidos e registados conjuntos completos de plantas da área de estudo.

Há duas razões principais para a recolha de plantas. A primeira razão principal para a recolha de plantas é a identificação de um espécime desconhecido encontrado durante o trabalho de campo e a segunda é a obtenção de registos de espécimes de plantas, quer para uma coleção pessoal, quer para serem armazenados num herbário mais tarde.

-- O que procurar num espécime?

Os espécimes para coleção devem ser tão completos quanto possível. Idealmente, devem ser incluídos flores e frutos, bem como partes vegetativas, uma vez que estas partes são utilizadas para identificação.

Existem vários tipos de formas de vida em todas as florestas. Quero recolher várias espécies de plantas com flores de forma ideal e cuidadosa. Possivelmente, todas as plantas pequenas devem ser recolhidas, incluindo a parte subterrânea.

-- Coleção de produtos

Idealmente, as colecções de plantas com flor devem ser imediatamente colocadas numa prensa de campo, uma vez que esta produz os espécimes mais bonitos. Uma prensa de campo tradicional é descrita por Savile (1979), Collecting into vasculum.

-- Notas a tomar

Todos os espécimes devem ser acompanhados de notas completas, conservadas num caderno de notas de coleção. Preparei uma estrutura de caderno de notas de campo. Estas notas podem não só ajudar na identificação do material, como também serão utilizadas mais tarde para completar a informação sobre a etiqueta do herbário. As notas devem conter as seguintes informações:

(i) O nome da planta:

(ii) Localidade: Deve ser o mais pormenorizado possível, incluindo o nome de colinas, lagos e linhas de rio nas proximidades, mas pode ser acrescentado posteriormente se não forem conhecidos.

(iii) Descrição: Deve incluir tudo sobre a planta que não seja óbvio no espécime de herbário. Os elementos essenciais são o hábito, a altura e o facto de a planta estar ou não agrupada.

(iv) Habitat: Deve incluir o habitat geral, bem como pormenores mais específicos do micro-habitat.

(v) Data: Mencionar a data de recolha.

(vi) Nomes do colecionador.

(vii)Outras informações Notas: Deve ser deixado um espaço para anotar o nome da pessoa que efectua a determinação final (identificação).

4.1.4 Prensagem e secagem e envenenamento de espécimes vegetais :

A coisa mais importante a fazer com o material acabado de recolher é secá-lo o mais rapidamente possível. Isto evita infecções fúngicas e preserva a cor. As plantas vasculares devem ser prensadas e secas o mais rapidamente possível após a sua recolha. Normalmente, isto significa que as plantas devem ser prensadas no dia em que são recolhidas.

A prensa para plantas foi concebida de forma a que as plantas possam ser secas rapidamente enquanto são prensadas de forma plana. É constituída por duas armações de madeira com ripas cruzadas, aproximadamente do tamanho de um jornal dobrado (46-31 cm). Os espécimes de plantas são colocados em jornais dobrados entre camadas de folhas de mata-borrão ou espuma e cartão ondulado. O jornal constitui uma pasta para a planta. Todas as partes das plantas, como as folhas e as flores, etc., foram cortadas claramente. Se os espécimes forem mais compridos do que o tamanho da folha, foram dobrados em várias estruturas como V,N,M,W. A prensa é então colocada a secar num ambiente morno (não quente), seco e com circulação de ar. Após 24 horas, o papel e as lamelas devem ser mudados para melhorar o processo de secagem. No entanto, secar os espécimes demasiado depressa pode resultar em queimaduras e enrugamento. Para obter informações mais completas sobre a secagem e manutenção de prensas.

Para a fumigação, as plantas inteiras colhidas foram mergulhadas numa solução saturada de cloreto de mercúrio em álcool etílico a 1 %.

4.2 Preparação do Herbário

O espécime seco deve fixar-se corretamente numa folha de herbário de tamanho normal (28,75 x 41,25 cm) e o maior número possível de características deve ser visível no espécime montado. Um método fácil, barato, eficiente e atrativo de montar plantas é utilizando Elmers Glue (goma recomendada). Este tipo de cola branca não contém ingredientes susceptíveis de danificar ou alterar o espécime, é vivamente recomendada, vem em recipientes convenientes e seca de forma transparente.

A maioria dos herbários tem etiquetas impressas com cerca de 8 x 10 cm que são preenchidas e coladas em cada folha de herbário. Os espécimes foram organizados de acordo com o sistema de classificação de Bentham e Hooker (1869).

4.3 Estudo florístico e sua documentação

O espécime seco deve ser cuidadosamente montado num herbário de tamanho normal.

4.4 Conceção da amostra para o estudo ecológico

Para determinar o carácter fitossociológico das árvores, arbustos, trepadeiras e ervas foi utilizado o método de transecto. Neste método, a área é dividida em 165 parcelas, cada uma com 50 x 50 metros, que foram colocadas em diferentes áreas.

> Cada parcela de amostragem foi dividida em várias faixas. Havia quatro faixas em cada parcela de amostragem, cada uma com 5 m de largura.

> Em cada parcela de amostragem, foram colocadas quatro faixas de observação, cada uma com 50 m de largura, perpendiculares à linha de base, na direção este-oeste ou norte-sul. A distância entre duas faixas era de 10 m. (fig.-la).

> Cada parcela de amostragem foi dividida em 9 segmentos, cada um de 10 x 10 m. e 16 segmentos, cada um de 5 x 5 m.. Dos 16 segmentos, 10 segmentos foram colocados aleatoriamente para arbustos e trepadeiras, enquanto que faixas de 10 x 10 m. foram demarcadas para aceder às árvores.

> Em cada segmento foram colocadas quadrículas de 5x 5 m. de tamanho lx 1 m, aleatoriamente, para estudar as ervas e as gramíneas (fig.-lb). Desta forma, foram colocados um total de 9 segmentos e 81 quadrículas em cada parcela de amostragem para a contagem de espécies de ervas, enquanto 9 segmentos, cada um de 10 x 10 m para árvores e 10 segmentos, cada um de 5 x 5 m. para a contagem de espécies de arbustos.

> Desta forma, um total de 165 parcelas de 50m x 50m. foram estabelecidas na nossa área de estudo para a contagem de espécies vegetais.

Estas áreas foram inspeccionadas mensalmente nos seus vários percursos. Todas as plantas disponíveis nas parcelas de amostragem, bem como na nossa área, foram recolhidas nas fases de floração e frutificação e identificadas utilizando a 'Flora of Gujarat' (Shah, 1978) e a 'Flora of Bombay precidancy' (Cooke, 1903).

A segunda etapa, a análise fitossociológica, exigiu vários dados sobre o valor da frequência, abundância e densidade, tendo estes tipos de dados sido recolhidos em vários transectos, tal como acima referido. A frequência, a abundância e a densidade das espécies arbóreas foram registadas em 165 quadrículas de 50 m x 50 m, ao longo de diferentes percursos nas várias complexidades do habitat (planícies, ribeirinhas, colinas pedregosas, colinas arenosas, encostas e picos). Os valores de frequência, abundância e densidade foram calculados para diferentes espécies de árvores e também se calculou a frequência relativa, a densidade relativa e a dominância relativa utilizando os métodos de Sharma (2004).

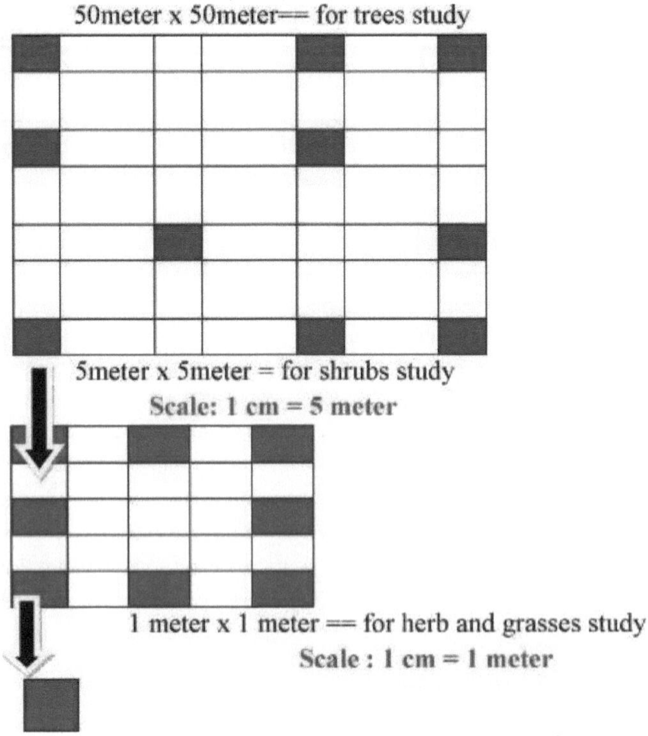

Fig.:2. Desenho da parcela de amostragem para a contagem das espécies vegetais.

4.5 Caracteres quantitativos utilizados para os valores fitossociológicos

Os valores fitossociológicos foram calculados segundo os métodos de Sharma (2004).

4.5.1 Densidade:

A densidade é o número de indivíduos de uma espécie numa unidade de área de volume. A fórmula é dada a seguir.

$$\text{Densidade} = \frac{\text{Número total de plantas nas quadrículas}}{\text{Número de quadrículas examinadas}}$$

A densidade é determinada pela contagem efectiva de cada espécie da comunidade.

4.5.2 Frequência:

A frequência significa a homogeneidade da dispersão dos indivíduos de uma espécie na comunidade. A frequência é expressa como a percentagem de ocorrência de indivíduos de uma espécie num determinado número de observações.

$$\text{Frequência} = \frac{\text{Número de quadrículas em que a espécie ocorre.}}{\text{Número total de quadrículas examinadas}} \text{ xlOO}$$

4.5.3 Abundância:

A abundância de uma espécie na comunidade representa a sua distribuição relativa na mesma. Está relacionada com a densidade, mas é uma estimativa qualitativa.
É determinado pela seguinte fórmula, utilizando os dados disponíveis da determinação da abundância pelo método da quadratura.

$$\text{Abundância} = \frac{\text{Número total de plantas de uma espécie em todas as quadrículas.}}{\text{Número de quadrículas em que a espécie ocorreu.}}$$

4.5.4 Área basal:

É a área ocupada pela base de uma árvore. É considerada como um bom indicador do tamanho, do volume ou do peso de uma árvore.
A área basal fornece informações sobre a proporção ou dominância de árvores grandes e pequenas num ecossistema. É um dos parâmetros mais importantes utilizados para estimar a biomassa em pé numa área que, por sua vez, é utilizada como uma medida de produtividade. A área basal foi calculada dividindo 4n pelo quadrado do DAP (diâmetro à altura do peito).

$$\text{Basal area} = \frac{(\text{DBH})2}{4\pi}$$

A área basal é enumerada apenas para as espécies arbóreas no presente estudo.

4.5.5 Índice de Valor de Importância (IVI):

O índice é utilizado para determinar a importância global de cada espécie na estrutura da comunidade. No cálculo deste índice, os valores percentuais da frequência relativa, densidade relativa e dominância relativa são somados e este valor é designado como o IVI da espécie.
Curtis e McIntosh (1950) propuseram um índice de valor de importância (IVI) que é a soma do valor relativo dos três caracteres quantitativos acima referidos.
IVI = %RF + %RD + RDom
Os valores relativos são expressos em percentagem dos valores totais para todas as espécies de uma comunidade, como se indica a seguir.

$$\text{\% da composição} = \frac{\text{N.º total de indivíduos de uma espécie}}{\text{N.º total de indivíduos de todas as espécies da categoria em todas as parcelas de amostragem}} \times 100$$

1. RelativeFrequency:

A frequência relativa é o estudo da frequência de uma espécie em termos da sua dispersão relativamente à de todas as outras espécies.
É determinado pela seguinte fórmula, utilizando os dados disponíveis da determinação da frequência pelo método da quadratura.

$$\text{Frequência relativa (RF)} = \frac{\text{N.º de parcelas de amostragem em que ocorre uma espécie}}{\text{N.º total de todas as espécies numa parcela de amostragem}} \times 100$$

2. **Densidade relativa:**

A densidade relativa é o estudo da força numérica de uma espécie em relação ao número total de indivíduos de todas as espécies.

Pode ser calculado utilizando os dados disponíveis da determinação da densidade da seguinte forma.

N.º total de indivíduos das espécies nas parcelas de amostragem Densidade relativa (DR) =-x 100

Número total de indivíduos de todas as espécies em todas as parcelas de amostragem

3. **Dominância relativa:**

Pode ser calculado utilizando os dados disponíveis na determinação da dominância relativa da seguinte forma.

Área basal total da espécie.

Dominância relativa (R Dom) =x 100

Área basal total de todas as espécies.

4.6 Medida do GBH (Girth at Breast Height - perímetro à altura do peito) ou DBH (DBH):

Para a enumeração das espécies arbóreas em parcelas de amostragem de 10 x 10 m. Foi considerada a classe de perímetro de mais de 10 cm para a árvore ao nível da altura da respiração para a medição do GBH.

4.7 Estudo das espécies raras e ameaçadas de extinção:

Este método foi considerado o instrumento mais adequado para examinar a distribuição das espécies numa área, bem como para avaliar a riqueza e a diversidade das espécies (Titus 1993).

A espécie, com base na sua frequência percentual, pode pertencer a qualquer uma das cinco classes de presença seguintes. (Misra 1954)

Após a observação da análise fitossociológica, o número mínimo ou máximo de plantas estava disponível nas parcelas amostrais estudadas. A abundância é expressa em escala aproximada (Misra e Misra). Nos casos em que é difícil dar as contagens efectivas, a abundância é expressa numa escala aproximada (Misra e Puri, 1954). Para plantas raras, ocasionais, frequentes, codominantes e dominantes.

4.8 Estudo da Associação Vegetativa:

A associação da vegetação foi estudada com base na interação interespecífica das características fisionómicas das espécies vegetais e dos parâmetros abióticos. Durante os estudos das quadrículas, as espécies que se encontram em grande quantidade e também com outras espécies são descritas na sua associação, como se pode ver nesta parcela.

4.9 Determinação das categorias fisionómicas e do tipo de vegetação:

As espécies de plantas recolhidas na área foram distribuídas entre as diferentes formas de vida. No sistema de Raunkiaer (1934), a posição dos órgãos perenes de altura ou botões que fornecem uma indicação da maneira como a planta sobrevive à estação desfavorável é anotada. Ele categorizou as várias formas de vida nos cinco tipos seguintes.

Símbolo Forma de vidaCaracterísticas

Ph (1) Phaenerophytes - Botão perene bem acima do solo

Estas subdividem-se nas seguintes categorias

MMM 1. Mega-faenerófito- Botão perene acima de 30 m de altura MM2 . Mesofaenerófito -
Rebento perene entre 8 m e 30 m
M3 . Micro-faenerófito - Rebento perene entre 2 m e 8m
N4 . Nano-faenerófito - Rebento perene com menos de 2 m
Ch (2) Chamaephyte - Plantas lenhosas baixas, perenes
Botões Nascem um pouco acima do nível do solo até 0,3 m
He (3) Hemi-Caméfita - Rebentos perenes junto ao solo
(um pouco meio escondido no solo)

Cr (4) Crifita ou Geófita - Órgãos perenes abaixo da superfície ou da água
Estas subdividem-se nas seguintes categorias
G 1. Geófito - Rebentos perenes debaixo do solo
HH 2. Helófitas - Plantas de pântano com botões perenes em lama com água
H 3. Hidrófita - rebento perene debaixo de água
TH 4. Terófito - Sobrevivência em estação desfavorável através de sementes ou esporos, anuais.

4.10 Recomendação ao Conservador da Floresta:

Após o estudo da pressão antropogénica, dei sugestões ao governo e outras ONG que estão relacionadas com a conservação da floresta. Também dei sugestões à população tribal e recomendações ao governo para que este dê algumas opções e facilidades ou ideias para a conservação da floresta.

5 OBSERVAÇÃO

5.1 Elaboração de uma documentação científica ilustrativa da diversidade das espécies de angiospérmicas.

O presente trabalho baseia-se no levantamento e amostragem dos resultados de três anos de estudo intensivo e extensivo das plantas desta área. A análise do total de espécies vegetais é apresentada da seguinte forma.

A área de estudo apresenta uma diversidade floral de 536 espécies de plantas, incluindo 367 géneros pertencentes a 109 famílias de angiospérmicas.

Tabela:- 2 Análise florística da área de estudo.

Famílias	Géneros	Espécies
109	**367**	**536**

A lista de controlo das espécies vegetais com os seus nomes locais, nome botânico, hábito e família é apresentada no quadro 2

Quadro:-3- Lista de controlo das plantas da zona florestal de Vadgam.

Não.	**Nomes de plantas**	**Nome local**	**Família**	**Hábito**	**Vida forma**	**Cul.\ Selvagem**
1	***Annona squamosa*** L.	Sitaphal	Anonáceas	s	M	w
2	***Polyalthia longifolia*** (Sonn.) O. Enum	Asopalav	Anonáceas	T	MM	c
3	***Cissampelos pareira*** L.	Venivel	Menispermáceas	c	Ch	w
4	***Cocculus hirsutus*** (L.) Diels	Vevdi	Menispermáceas	C	O	w
5	***Tinospora cordifolia*** (Willd.) Miers	Galo	Menispermáceas	C	E	w
6	***Nelumbo nucifera*** Gaertn.	Kamal	Nymphaeaceae	H	HH	w
7	***Nymphaea stellata*** Willd.	Poyana	Nymphaeaceae	H	HH	w
8	***Argemone mexicana*** L.	Darudi	Papaveraceae	H	O	w
9	***Brassica campestris*** L.	Sarsav	Brassicaceae	H	O	c
10	***Brassicajuncea*** (L.) Czem. & Coss	Rai	Brassicaceae	H	O	c
11	***Brassica oleracea*** L. var. ***botrytis*** L.	Fulevar, ful - Kobi	Brassicaceae	H	Ch	c
12	***Brassica oleracea*** L. var. ***capitata*** L.	Kobij	Brassicaceae	H	Ch	c
13	***Lepidium sativum*** L.	Asaliyo	Brassicaceae	H	O	c
14	***Raphanus sativus*** L.	Mulo	Brassicaceae	H	G	c
15	***Raphanus caudatus*** L.	Mogari	Brassicaceae	H	O	c
16	***Cadaba fruticosa*** (L.) Druce.	Talio hemkand	Capparáceas	H	O	w
17	***Capparis decidua*** (Forsk.) Edgew.	Kerdo	Capparáceas	s	Ch	w
18	***Capparis sepiaria*** L.	Kanthar	Capparáceas	s	Ch	w
19	***Cleome gynandra*** L.	Dholi tanvani	Capparáceas	H	O	w
20	***Cleome viscosa*** L.	Pili tanvani	Capparáceas	H	O	w
21	***Crateva nurvala*** Buch. - Ham.	Vayvamo	Capparáceas	T	MM	w
22	***Maerua oblongifolia*** (Forsk.) A. Rich.	Hemkand	Capparáceas	s	M	w
23	***Hybanthus enneaspermus*** (L.) F. Muell.		Violáceas	H	O	w
24	***Polygala chinensis*** L.	Pali bhoysan	Polygalaceae	H	O	w
25	***Polycarpea corymbosa*** (L.) Lam.		Caryophyllaceae	H	O	w

26	***Spergula arvensis*** L.		Caryophyllaceae	H	O	w
27	***Portulaca oleracea*** L.	Moti Luni	Portulacaceae	H	O	w
28	***Portulaca quadrifida*** L.	Luni	Portulacaceae	H	O	w
29	***Bergia capensis*** L.	Jaljambvo	Elatinaceae	H	O	w
30	***Abelmoschus esculentus*** (L.) Moench.	Bhinda	Malvaceae	s	N	c
31	***Ablemoschus manihot*** (L.) Médico.	Janglibhindi	Malvaceae	s	N	w
32	***Abutilon fruticosum*** Guill.	Kanski	Malvaceae	S	N	w
33	***Abutilon indicum*** (L.) Sw.	Kanski	Malvaceae	S	N	w
34	***Gossypium herbaceum*** auct. NãoL.	Kapas	Malvaceae	s	O	w
35	***Gossypium barbadense*** L.	Kapas	Malvaceae	s	O	w
36	***Hibiscus ovalifolius*** (Forsk.) Vahl	Chank bindo	Malvaceae	H	O	w
37	***Hibiscus rosa-sinensis*** L.	Jasud	Malvaceae	s	M	c
38	***Sida acuta*** Burm. f.	Bala	Malvaceae	H	O	w
39	***Sida cordifolia*** L.	Mahabala	Malvaceae	H	Ch	w
40	***Sida ovata*** Forsk.	Bhoin-bala	Malvaceae	s	Ch	w
41	***Thespesia populnea*** (L.) Sol. ex Corr.	Paras piplo	Malvaceae	T	M	w
42	***Bombax ceiba*** L.	Simlo	Bombacaceae	T	MM	w
43	***Guazuma ulmifolia*** Lam.	Khoti rudrakshi	Sterculiaceae	T	MM	w
44	***Helicteres isora*** Lam.	Mardasing	Sterculiaceae	s	M	w
45	***Sterculia urens*** Roxb.	Kadayo	Sterculiaceae	T	MM	w
46	***Corchorus aestuans*** L.	Chhunch	Tiliaceae	H	O	w
47	***Corchorus capsularis*** L.	Bor chhunch	Tiliaceae	H	O	w
48	***Corchorus olitorius*** L.	Chhunch	Tiliaceae	H	O	w
49	***Corchorus tridens*** L.	Chhunch	Tiliaceae	H	O	w
50	***Grewia damine*** Sm.	Sisoti	Tiliaceae	s	O	w
51	***Grewia subinequalis*** DC.	Phalsa	Tiliaceae	s	N	w
52	***Grewia tiliaefolia*** Vahl.	Damão	Tiliaceae	s	N	w
53	***Triumfetta pentandra*** A. Rich.	Zipti	Tiliaceae	s	N	w
54	***Triumfetta rhomboidea*** Jacq.		Tiliaceae	s	N	w
55	***Tribulus terrestris*** L.	Bethu gokhru	Zygophyllaceae	H	O	w
56	***Oxalis corniculata*** L.	Cangeri	Oxalidáceas	H	O	w
57	***Impatiens balsamina*** L. var. ***coccinia*** Hk. F	Gulmehdi	Balsamináceas	H	O	w
58	***Aegle marmelos*** (L.) Corr.	Bili	Rutáceas	T	MM	c
59	***Citrus limon*** (L.) Burm. f.	Limbu	Rutáceas	s	M	c
60	***Citrus medica*** (L.)	Bijoru	Rutáceas	s	N	w
61	***Limonia acidissima*** L.	Kothi	Rutáceas	T	M	w
62	***Murraya koenigii*** (L.) Spr.	Mitho limdo, Kari patti	Rutáceas	S	M	c
63	***Murraya paniculata*** (L.) Jack.	Kamini	Rutáceas	S	M	c
64	***Ailanthus excelsa*** Roxb.	Arduso	Simaroubaceae	T	MMM	w
65	***Balanites aegyptiaca*** (L.) Del.	Ingoriyo	Balanitaceae	s	M	w
66	***Boswellia serrata*** Roxb.	Gugal	Burseraceae	T	MM	w
67	***Commiphora wightii*** (Am.) Bhandari	Gugal	Burseraceae	s	M	w
68	***Azadirachta indica*** A. Juss.	Limdo	Meliáceas	T	MMM	w
69	***Melia azedarach*** L.	Bakam limdo	Meliáceas	T	MM	c
70	***Maytenus emarginata*** (Willd.)	Vicklo	Celastraceae	s	M	w

	D. Hou.					
71	***Zizyphus mauritiana*** Lam.	Bor	Rhamnaceae	s	M	w
72	***Zizyphus nummularia*** (Burm. f.) W. & A.	Chani bor	Rhamnaceae	s	N	w
73	***Ampelocissus latifolia*** (Roxb.) planch.	Jangli-draksh	Vitaceae	c	O	w
74	***Cayratia carnosa*** (Lam.) Gagnep.	Khat khatumbo	Vitaceae	c	O	w
75	***Cissus quadrangularis*** L.	Hadsankal	Vitaceae	c	Ch	w
76	***Cardiospermum halicacabum*** L.	Kagdoliyu	Sapindáceas	c	O	w
77	***Sapindus emarginatus*** Vahl.	Aritha	Sapindáceas	T	M	w
78	***Lannea coromandelica*** (Houtt) Merrill	Golaro, moyno	Anacardiaceae	T	M	w
79	***Mangifera indica*** L.	Ambo	Anacardiaceae	T	MM	c
80	***Moringa concanensis*** Nimmo	Jangli sargvo	Moringaceae	T	MM	w
81	***Moringa oleifera*** Lam.	Mitho sargavo	Moringaceae	T	MM	w
82	***Abrus precatorius*** L.	Chanothi	Fabáceas	c	O	w
83	***Aeschynomene indica*** L.		Fabáceas	H	O	w
84	***Alhagipseudalhagi*** (M. Bieb.) Desv.	Javaso	Fabáceas	H	O	w
85	***Alysicarpus monilifer*** (L.) DC.		Fabáceas	H	Ele	w
86	***Alysicarpus procumbens*** (Roxb.) Schindl.		Fabáceas	H	Ele	w
87	***Arachis hypogaea*** L.	Magfali	Fabáceas	H	Ele	w
88	***Butea monosperma*** (Lam.) Thub.	Kesudo	Fabáceas	T	MM	w
89	***Cajanus cajan*** (L.) Millsp.	Tuver	Fabáceas	S	O	c
90	***Cicer arietinum*** L.	Chana	Fabáceas	H	O	c
91	***Clitora ternatea*** L.	Gokrana, garani Bibari	Fabáceas	c	Ch	w
92	***Crotolaria juncea*** L.	Shun	Fabáceas	H	O	w
93	***Crotolaria medicaginea*** Lam.	Adbaumethi	Fabáceas	H	O	w
94	***Crotolaria retusa*** L.	Gugharo	Fabáceas	H	O	w
95	***Cyamopsis tetragonoloba*** (L.) Taub.	Gavar	Fabáceas	H	O	c
96	***Dalbergia latifolia*** Roxb.	Sisam	Fabáceas	T	M	w
97	***Dalbergia sissoo*** Roxb.	Moti sisam	Fabáceas	T	MM	w
98	***Derris indica*** (Lam.) Bennet	Karanj	Fabáceas	T	M	w
99	***Desmodium gangeticum*** (L.) DC.	Salvan, salpami	Fabáceas	s	N	w
100	***Dolichos trilobus*** L.	Jangli papdi	Fabáceas	c	Ch	w
101	***Goniogyna hirta*** (Willd.) Ali.		Fabáceas	H	O	w
102	***Indigofera cordifolia*** Heyne ex Roth		Fabáceas	H	Ch	w
103	***Indigofera linifolia*** Retz.	Jinki gali,	Fabáceas	H	O	w
104	***Indigofera oblongifolia*** Forsk.	Zil, zildo	Fabáceas	H	O	w
105	***Indigofera tinctoria*** L.	Gali	Fabáceas	H	O	w
106	***Lablab purpureus*** (L.) Sw.	Vai	Fabáceas	c	Ch	w
107	***Lathyrus odoratus*** L.	Vatana	Fabáceas	H	O	w
108	***Medicago sativa*** L.	Lachako	Fabáceas	H	O	c
109	***Melilotus indica*** All.	Van methi, ran methi	Fabáceas	H	O	c
110	***Mucuna prurita*** Hk. f.	Kuvech	Fabáceas	c	O	w
111	***Pisum sativum*** L.	Vatana	Fabáceas	c	Ch	w
112	***Rhynchosia minima*** (L.) DC.	Daria val	Fabáceas	c	O	w

113	***Sesbania bispinosa*** (Jacq.) W. F. Wight	Ikad	Fabáceas	H	O	w
114	***Tephrosia purpurea*** (L.) Pers.	Sarpankho	Fabáceas	H	O	w
115	***Trigonella foenum-graecum*** L.	Mathi	Fabáceas	H	O	c
116	***Cigna aconitifolia*** (Jacq.) Marechai	Chola	Fabáceas	c	O	w
117	***Cigna mungo*** (L.) Happer	Mag	Fabáceas	H	O	c
118	***Cigna radiata*** (L.) Wilczek var. ***radiata***	Adade	Fabáceas	H	O	c
119	***Cigna unguiculata*** Walp.	Choli	Fabáceas	H	O	c
120	***Zornia gibbosa*** Span	Samarpani	Fabáceas	H	O	w
121	***Bauhinia purpurea*** L.	Pilão Kanchnar	Caesalpiniaceae	S	M	w
122	***Bauhinia racemosa*** Lam.	Asendara	Caesalpiniaceae	s	M	w
123	***Bauhinia tomentosa*** L.	Asendaro	Caesalpiniaceae	s	M	w
124	***Caesalpinia crista*** (L.)	Kachaka	Caesalpiniaceae	s	N	w
125	***Caesalpinia pulcherrima*** (L.) Sw.	Galtoro	Caesalpiniaceae	s	N	c
126	***Cassia angustifolia*** Vahl	Sonamukhi, Midhi Aval	Caesalpiniaceae	s	O	w
127	***Cassia auriculata*** L.	Aval	Caesalpiniaceae	s	O	w
128	***Cassia fistula*** L.	Garmalo	Caesalpiniaceae	T	M	w
129	***Cassia occidentalis*** L.	Kasundro	Caesalpiniaceae	s	O	w
130	***Cassia pumila*** Lam.	Nani disse	Caesalpiniaceae	H	O	w
131	***Cassia siamea*** Lam.	Kashid	Caesalpiniaceae	T	M	w
132	***Cassia tora*** L.	Kuvandio,	Caesalpiniaceae	H	O	w
133	***Delonix data*** (L.) Gamble	Sandesaro	Caesalpiniaceae	T	M	w
134	***Delonix regia*** (Boj.) Ref.	Gulmahor	Caesalpiniaceae	T	M	w
135	***Parkinsonia aculeata*** L.	Ram baval	Caesalpiniaceae	s	M	w
136	***Peltophorum pterocarpum*** (DC.) Baker, ex. Heyne	Tamravarani	Caesalpiniaceae	T	M	w
137	***Tamarindus indica*** L.	Khati amali	Caesalpiniaceae	T	M	w
138	***Acacia auriculiformis*** A. Cumn- Benth	Austrelião baval	Mimosáceas	s	M	w
139	***Acacia chundra*** (Roxb. ex Rottl.) Willd.	Khair	Mimosáceas	T	M	w
140	***Acacia jacquemontii*** Bth.	Bavali (Rato Baval)	Mimosáceas	s	M	w
141	***Acacia nilotica*** (L.) Del.	Baval	Mimosáceas	T	M	w
142	***Acácia Senegal*** Willd.	Baval goradio	Mimosáceas	T	M	w
143	***Albizia lebbeck*** (L.) Bth.	Canelas	Mimosáceas	T	MM	w
144	***Dichrostachya cinerea*** (L.) W. & A.	Canelas	Mimosáceas	S	M	w
145	***Leucaena leucoephala*** (Lam.) de wit	Liso baval	Mimosáceas	T	M	w
146	***Mimosa hamata*** Willd.	Kasi baval	Mimosáceas	s	N	w
147	***Mimosapudica*** L.	Lajamani	Mimosáceas	H	Ch	w
148	***Pithecellobium dulce*** (Roxb.) Bth.	Gorasamli	Mimosáceas	T	M	w
149	***Prosopis cineraria*** (L.) Druce	Khijado	Mimosáceas	T	M	w
150	***Prosopis stephaniana.*** Kunth	Bethi khijdi	Mimosáceas	s	M	w
151	***Prosopis juliflora*** (Sw.) DC.	Gando baval	Mimosáceas	T	M	w
152	***Samanea saman*** (Jacq.) Merr.	Ratosiris	Mimosáceas	T	MM	w
153	***Rosa indica*** L.	Gulab	Rosáceas	s	Ch	c
154	***Bryophyllum calycinum*** Salisb.	Pam phuti	Crassuláceas	H	s	c
155	***Kalanchoe cylindrica*** DC.	Pam phuti	Crassuláceas	H	s	c

156	***Anogeissus latifolia*** (Roxb.) Wall, ex Bedd.	Dhavdo	Combretáceas	T	MM	w
157	***Anogeissus pendula*** Edgew.	Dhao	Combretáceas	T	MM	w
158	***Combretum coccineum*** Lam.	Madh vel	Combretáceas	c	L	w
159	***Quisqualis indica*** L.	Madhumalti	Combretáceas	c		Lc
160	***Terminalia arjuna*** (Roxb.) W. & A.	Arjun-sadad	Combretáceas	T	MM	w
161	***Terminalia bellirica*** (Gaertn.) Roxb.	Baheda	Combretáceas	T	MM	w
162	***Terminalia catappa*** L.	Deshi badam	Combretáceas	T	M	c
163	***Calystemon lenceolatus*** L.	Escova botal	Myrtaceae	T	M	c
164	***Eucalyptus citriodora*** Hk.	Nilgiri	Myrtaceae	T	M	c
165	***Eucalyptus globulus*** Labill.	Nilgiri	Myrtaceae	T	M	c
166	***Psidium guajava*** L.	Jamphal	Myrtaceae	s	M	c
167	***Syzygium cumini*** (L.) Skeels	Jambu	Myrtaceae	T	MM	w
168	***Ammannia baccifera*** L.	Jal agio	Lythraceae	H	O	w
169	***Ammannia multiflora*** Roxb.	Zino agio	Lythraceae	H	O	w
170	***Lawsonia inermis*** L.	Mahedi	Lythraceae	s	N	w
171	***Punica granatum*** L.	Dadam	Punicáceas	s	N	c
172	***Trapa natans*** L. var. ***bispinosa*** (Roxb.) Makino	Shingoda	Trapáceas	H	Ch	w
173	***Passiflora edulis Sims.***	Krushna kamal	Passifloraceae	C	Ch	c
174	***Passiflora foetida L.***	Vadli krusna kamal	Passifloraceae	C	Ch	w
175	***Carica papaya L.***	Papiyu	Caricáceas	H	N	c
176	***Ludwigia octovalvis subsp. sessiliflora (Mich.) Raven***	Panlavang	Onagraceae	H	N	w
177	***Citrullus colocynthis (L.) Soland.***	Indravamu	Cucurbitáceas	c	Ch	w
178	***Citrullus lanatus (Thunb.) Mats & Nak.***	Kalingar	Cucurbitáceas	c	Ch	c
179	***Coccinia grandis (L.) Voigt***	Ghiloda	Cucurbitáceas	c	Ch	w
180	***Ctenolepis cerasiformis (Stocks) Hk.f.***	Ankhfutmani	Cucurbitáceas	c	Ch	w
181	***Ctenolepis garcini (L.) Cl.***	Ankhfutmani	Cucurbitáceas	c	Ch	w
182	***Cucumis callosus (Rottl.) Cogn.***	Kothimdu	Cucurbitáceas	c	Ch	w
183	***Cucumis melo L. var. agrestis Naud.***	Chibhdu	Cucurbitáceas	c	O	w
184	***Cucumis melo L. var. melo.***	Kharbuju	Cucurbitáceas	c	Ch	w
185	***Cucumisprophetarum L.***	Katalu - gothimada.	Cucurbitáceas	c	Ch	w
186	***Cucumis sativus L.***	Kakadi	Cucurbitáceas	c	O	c
187	***Cucurbita maxima Duch.***	Kolu	Cucurbitáceas	c	Ch	c
188	***Diplocyclospalmatus (L.) C. Jeffrey***	Shivlingi	Cucurbitáceas	c	Ch	c
189	***Lagenaria leucantha (Roxb.) Ruby.***	Dudhi	Cucurbitáceas	c	O	w
190	***Luffa acutangula (L.) Roxb Var. acutangula***	Turiya	Cucurbitáceas	c	O	w
191	***Luffa acutangula (L.) Roxb. var. amara (Lam.) Cl.***	Jangli turiya	Cucurbitáceas	c	O	w
192	***Luffa cylindrica (L.) M. J.***	Galku	Cucurbitáceas	c	O	w

	Roem.							
193	***Luffa echinata Roxb.***	Kukadvel	Cucurbitáceas	c		O	w	
194	***Momordica balsamina L.***	Vad Karela	Cucurbitáceas	c		O	w	
195	***Momordica charantia L.***	Karela	Cucurbitáceas	c		O	w	
196	***Momordica dioica Roxb.***	Kankoda	Cucurbitáceas	c		O	w	
197	***Mukia maderaspatana*** (L.) M. Roem.	Chanak chibhdi	Cucurbitáceas	C		Ch	w	
198	***Trichosanthes cucumerina*** L.	Jangli parval	Cucurbitáceas	C		O	w	
199	***Opuntia elatior*** Mill.	Phafada thor	Cactáceas		s	N	w	
200	***Glinus lotoides*** L.	Mitho-okharad	Molluginaceae	H		Ele	w	
201	***Glinus oppositifolius*** L.	Kadvo-okharad	Molluginaceae	H		Ele	w	
202	***Mollugo pentaphylla*** L.		Molluginaceae	H		Ele	w	
203	***Sesuvium portulacastrum*** (L.)		Aizoaceae	H		Ele	w	
204	***Trianthema portulacastrum*** L.	Khoto satedo	Aizoaceae	H		Ele	w	
205	***Anethum graveolens*** L.	Suva	Apiaceae	H		O	w	
206	***Centella asiatica*** (L.) Urb.	Bhrahmi	Apiáceas	H		O	w	
207	***Coriandrum sativum*** L.	Kothmir	Apiaceae	H		O		c
208	***Cuminum cyminum*** L.	Jiru	Apiáceas	H		O		c
209	***Daucus carota*** L. var. ***saliva*** DC.	Gajar	Apiáceas	H		G		c
210	***Foeniculum vulgare*** Mill.	Variyali	Apiaceae	H		Ch		c
211	***Pimpinella tomentosa*** Dalz.	Jangli Jiru	Apiáceas	H		O	w	
212	***Trachyspermum ammi*** (L.) Sprague	Ajmo	Apiáceas	H		O		c
213	***Alangium salvifolium*** (L. f.) wang	Ankol	Alangiaceae		T	M	w	
214	***Adina cordifolia*** (Roxb.) Bth. &Hk.	Haldarvo	Rubiáceas		T	O	w	
215	***Anthocephalus kadamba*** L.	Kadamb	Rubiáceas		T	O	w	
216	***Borreria articularis*** (L. f.) F. N. Vai.	Ganthiyu	Rubiáceas	H		O	w	
217	***Borreria stricta*** (L. f.) K. Schum.		Rubiáceas	H		O	w	
218	***Gardenia resinifera*** Roth. Nov	Dikamli	Rubiáceas		s	N		c
219	***Hamelia patens*** Jacq.	Hemélia	Rubiáceas		s	M		c
220	***Hymenodictyon excelsum*** (Roxb.) Wall.	Luniyo	Rubiáceas		T	M	w	
221	***Ixora arborea*** Roxb. ex Smith	Nevari	Rubiáceas		s	Ch		c
222	***Ixora coccinea*** L.	Rato naveri	Rubiáceas		s	Ch		c
223	***Mitragynaparvifolia*** (Roxb.) Korth.	Kadamb	Rubiáceas		T	M	w	
224	***Morinda tomentosa*** Heyne ex Roth	Aal	Rubiáceas	T		M	w	
225	***Oldenlandia corymbosa*** L.	Parpati	Rubiáceas	H		O	w	
226	***Xeromphis spinosa*** (Thunb.) Keay	Mindhal	Rubiáceas	S		N	w	
227	***Acanthospermum hispidum*** DC.	Zinku gadariu	Asteraceae	H		O	w	
228	***Ageratum conyzoides*** L.	Dholi sahdevi	Asteraceae	H		O	w	
229	***Amberboa ramosa*** (Roxb.) Jaffri	Kantali dandi	Asteraceae	H		O	w	
230	***Blumea eriantha*** DC.	Gorakh mundi	Asteraceae	H		O	w	
231	***Blumea mollis*** (Don) Merrill	Gorakh mundi	Asteraceae	H		O	w	
232	***Blumea lacera*** (Burm. f.) DC.	Kapurio kalhar	Asteraceae	H		O	w	
233	***Caesulia axillaries*** Roxb.		Asteraceae	H		HH	w	
234	***Cichorium intybus*** L.	Chikory	Asteraceae	H		Ch		c
235	***Cyathoclinepurpurea*** (D. Don)	Okharad	Asteraceae	H		Ch	w	

236	***Echinops echinatus*** Roxb.	Utkanto	Asteraceae	H	O	w
237	***Eclipta prostrata*** (L.) Hassk.	Bhangro	Asteraceae	H	O	w
238	***Emilia sonchifolia*** (L.) DC.		Asteraceae	H	O	w
239	***Gnaphalium indicum*** L.	Phulavo	Asteraceae	H	O	w
240	***Grangea maderaspatana*** (L.) Poir.	Zinki mundi	Asteraceae	H	O	w
241	***Helianthus annus*** L.	Surajmukhi	Asteraceae	H	O	c
242	***Laggera alata*** (D. Don) Sch.- Bip	Bodo kalhar	Asteraceae	H	O	w
243	***Launaeaprocumbens*** (Roxb.) Ram. & Raj.	Moti bhopatri	Asteraceae	H	O	w
244	***Launaea sarmentosa*** (Willd.) Alst.	Bhoypatri	Asteraceae	H	O	w
245	***Parthenium hysterophorus*** L.	Congresh ghas, Gajariyu ghass	Asteraceae	H	O	w
246	***Sonchus asper*** (L.) Hill.	Sonki	Asteraceae	H	O	w
247	***Sonchus oleraceus*** L.	Dudhali sonaki	Asteraceae	H	O	w
248	***Sphaeranthus indicus L.***	Gorakhmundi	Asteraceae	H	O	w
249	***Spilanthes calva DC.***	Akkalgaro, Marethi. Pardeshi	Asteraceae	H	O	w
250	***Tridax procumbens L.***	Bhangaro	Asteraceae	H	Ch	w
251	***Vernonia cinerea (L.) Less.***	Sahdevi	Asteraceae	H	O	w
252	***Vernonia anthelmintica L.***	Padadavel	Asteraceae	C	Ch	w
253	***Vicoa indica (L.) DC.***	Sonsali	Asteraceae	H	O	w
254	***Xanthium strumarium L.***	Gadariyu	Asteraceae	H	O	w
255	***Plumbago zeylanica L.***	Dholo-chitrak	Plumbaginaceae	H	Ch	w
256	***Anagallis arvensis L.***		Primuláceas	H	O	w
257	***Madhuca indica J. F. Gmel.***	Mahudo	Sapotáceas	T	MMM	w
258	***Manilkara hexandra (Roxb.) Dub.***	Rayan	Sapotáceas	T	MM	w
259	***Manilkara zapota L.***	Chikoo	Sapotáceas	s	N	w
260	***Mimusops elengi L.***	Borsali	Sapotáceas	T	MM	c
261	***Diospyrus embroyopteris Pers.***	Makrod	Ebenáceas	s	M	w
262	***Diospyros melanoxylon Roxb.***	Timru, tembro	Ebenáceas	T	MM	w
263	***Jasminum officinale L.***	Jui	Oleáceas	c	Ch	c
264	***Jasminum multiflorum (Burm. f.) Andr.***	Mogro	Oleáceas	s	Ch	c
265	***Nyctanthes arbortristis L.***	Parijatak	Oleáceas	s	M	c
266	***Azima tetracantha Lam.***		Salvadoráceas	s	M	w
267	***Salvadora persica L.***	Piludi	Salvadoráceas	T	M	w
268	***Salvadora oleoides Decne.***	Piludi	Salvadoráceas	T	M	w
269	***Alstonia scholaris (L.) R.Br.***	Saptapami	Apocináceas	T	MM	w
270	***Carissa congesta Wt.***	Karamda	Apocináceas	s	O	w
271	***Catharanthus pusillus (Murr.) G. Don***	Barmasi	Apocináceas	H	Ch	w
272	***Catharanthus roseus (L.) G. Não***	Barmasi	Apocináceas	H	O	c
273	***Ervatamia divaricata (L.) Burkill.***	Chandni, tagarela	Apocináceas	s	N	c
274	***Holarrhena antidysenterica*** (Heyne	Kado-indrajav.	Apocináceas	T	M	w
275	ex Roth) wall.	Karen	Apocináceas	S	O	c
	Nerium indicum Mill.					
276	***Plumeria rubra*** L.	Khad champo	Apocináceas	T	N	c
277	***Rauvolfia serpentina*** L.	Sarpghandha	Apocináceas	H	Ch	c
278	***Thevetia peruviana*** (Pers.) Merr.	Pili karen	Apocináceas	S	M	c
279	***Wrightia tinctoria*** R. Br.	Dudhalo	Apocináceas	T	M	w
280	***Wrightia tomentosa*** R. & S.	Dudhali	Apocináceas	T	M	w

281	***Calotropis gigantia*** (L.) R. Br.	Moto akdo	Asclepiadáceas	s	N	w
282	***Calotropis procera*** (Ait.) R. Br.	Nano akdo	Asclepiadáceas	s	N	w
283	***Dregia volubilis*** (L. f.) Bth.	Moti dodi	Asclepiadáceas	c	Ch	w
284	***Leptadenia pyrotechnica*** (Forsk.) Decne.	Khipdo	Asclepiadáceas	c	Ch	w
285	***Leptadenia reticulata*** (Retz.) W.& A.	Dodi	Asclepiadáceas	c	Ch	w
286	***Pergularia daemia*** (Forsk.) Chiov.	Chamar dhdhdi	Asclepiadáceas	c	Ch	w
287	***Tylophora indica*** (Burm. f.) Merr.	Barragem vel	Asclepiadáceas	c	Ch	w
288	***Cryptostegia grandiflora*** R. Br.	Ruber vel	Periplocaceae	c	Ch	w
289	***Hemidesmus indicus*** (L.) Schult.	Dudhi vel, Upalsul.	Periplocaceae	c	Ch	w
290	***Strychnos potatorum*** L.	Kantas	Loganiaceae	s	M	w
291	***Conscora diffusa*** R.Br.	Ginku kariyata	Gentianaceae	H	O	w
292	***Enicostema hyssopifolium*** (Willd.) Verdoon	Mamejevo	Gentianaceae	H	O	w
293	***Cordiagharaf*** (Forsk.) E. & A.	Nani gundi	Ehretiaceae	T	M	w
294	***Cordia dichotoma*** Forst.	O que é o mundo	Ehretiaceae	T	MM	w
295	***Coldenia procumbens*** L.	Okhrad	Boragináceas	H	O	w
296	***Heliotropium indicum*** L.	Hathisundhi	Boragináceas	H	O	w
297	***Heliotropium supinum*** L.	Hathisundhi	Boragináceas	H	O	w
298	***Trichodesma indicum*** Roxb.	Undhafnlli	Boragináceas	H	O	w
299	***nervosa*** Boj.	Samudrasos	Convolvuláceas	C	L	w
300	***Convolvulus arvensis*** L.	Khetru Phudrudi	Convolvuláceas	H	O	w
301	***Convolvulus microphyllus*** (Roth) Sieb. ex Spr.	Sankhavali	Convolvuláceas	H	O	w
302	***Evolvulus alsinoides*** (L.) L.	Kali sankhavali	Convolvuláceas	H	O	w
303	***Ipomoea aquatica*** Forsk.	Nalinibhaji	Convolvuláceas	C	HH	w
304	***Ipomoea batatas*** (L.) Lam.	Shakkariyu	Convolvuláceas	C	G	c
305	***Ipomoea cairica*** (L.) Sw.	Dholi fudardi	Convolvuláceas	C	G	w
306	***Ipomoea dichroa*** (R. & S.) Choisy.	Safed panvali fudardi	Convolvuláceas	C	G	w
307	***Ipomoea eriocarpa*** R.Br.	Bodi- fudardi	Convolvuláceas	C	G	w
308	***Ipomoea fistulosa*** Mart, ex Choisy	Nafti	Convolvuláceas	C	Ch	w
309	***Ipomoea muricata*** (L.) Jacq.	Gulabi Bhamardi	Convolvuláceas	C	G	w
310	***Ipomoea nil*** (L.) Roth.	Kaladana	Convolvuláceas	C	H	w
311	***Ipomoea pes-tigridis*** L.	Wag padini vel	Convolvuláceas	C	O	w
312	***Ipomoea sinensis*** (Desr.) Choisy	Dholi fudardi	Convolvuláceas	C	O	c
313	***Merremia aegyptia*** (L.) Urb.	Panch pami fudardi	Convolvuláceas	H	Ele	w
314	***Merremia gangetica*** (L.) Cufod.	Undarkani	Convolvuláceas	H	Ele	w
315	***Merremia turpethum*** Shah & Bhatt	Nashotar	Convolvuláceas	C	Ele	w
316	***Quamoclitpinnata*** L.	Kamlata	Convolvuláceas	C	Ch	w
317	***Rivea hypocrateriformis*** Choisy	Fang-no- velo	Convolvuláceas	c	Ch	w
318	***Cuscuta chinensis*** Lam.	Amarvel	Cuscutáceas	c	P	w
319	***Cuscuta reflexa*** Roxb.	Amarvel	Cuscutáceas	c	P	w
320	***Capsicum annuum*** L.	Marchi	Solanáceas	H	O	c

321	***Cestrum diurnum*** L.	Divas no raja	Solanáceas	H	O	w
322	***Cestrum nocturnum*** L.	Rat rani	Solanáceas	H	O	c
323	***Datura innoxia*** Mill.	Kalo dhaturo	Solanáceas	s	O	w
324	***Datura metel*** L.	Dhaturo	Solanáceas	s	O	w
325	***Lycopersicon lycopersicum*** (L.) Karst.	Tamata	Solanáceas	H	O	w
326	***Nicotiana tabacum*** L.	Tamaku	Solanáceas	H	O	c
327	***Physalis minima*** L.	Popti	Solanáceas	H	O	w
328	***Solanum melongena*** L.	Anel	Solanáceas	H	O	c
329	***Solanum nigrum*** L.	Piludi	Solanáceas	H	O	w
330	***Solanum surattense*** Burm. f.	Bhoy ringni	Solanáceas	H	O	w
331	***Solanum tuberosum*** L.	Bataka	Solanáceas	H	G	c
332	***Withania somniferum*** (L.) Dunal	Aswaghandha	Solanáceas	H	O	w
333	***Bacopa monnieri*** (L.) Pennell.	Jal nevri	Scrophulariaceae	H	Ele	w
334	***Lindernia oppositifolia*** (Retz.)	Parpati	Scrophulariaceae	H	O	w
335	***Lindernia antipoda*** (L.) Alst.	Parpati	Scrophulariaceae	H	O	w
336	***Kickxia ramosissima*** (Wall.) Janch.	Bhitt gilodi	Scrophulariaceae	H	O	w
337	***Lindenbergia muraria*** (Roxb. ex D. Don) P. Bruehl	Bhitt chatti	Scrophulariaceae	H	O	w
338	***Peplidium maritimum*** (L. f.) Wetstt.		Scrophulariaceae	H	O	w
339	***Striga angustifolia*** (D. Don) Saldhana	Dholo agio	Scrophulariaceae	H	Ch	w
340	***Striga asiatica*** L.	Pilo agioo	Scrophulariaceae	H	Ch	w
341	***Verbascum chinense*** (L.) Sant.	Kalhar	Scrophulariaceae	H	O	w
342	***Cistanche tubulosa*** Wt.		Orobanchaceae	H	Ch	w
343	***Orobanche aegyptiaca*** Pers.	Vakumbha	Orobanchaceae	H	O	w
344	***Kigeliapinnata*** (Jacq.) DC.	Topgolo	Bignoniaceae	T	MM	w
345	***Oroxylum indicum*** Vent.	Tetu	Bignoniaceae	T	M	w
346	***Tecoma stans*** (L.) H. B. & K.	Vasant	Bignoniaceae	s	M	c
347	***Tecomella undulata*** (Sw.) Parece.	Ragat - rohido	Bignoniaceae	T	M	w
348	***Pedalium murex*** L.	Ubhugokhru	Pedaliaceae	H	O	w
349	***Sesamum indicum*** L.	Tai	Pedaliaceae	H	O	c
350	***Sesamum orientate*** L.	Jangli - tai	Pedaliaceae	H	O	w
351	***Martynia annua*** L.	Vinchhudo	Martyniaceae	H	O	w
352	***Adhatoda vasica*** (L.) Nees	Aradusi	Acantáceas	H	O	w
353	***Andrographis echioides*** (L.) Nees	Kariyatu	Acantáceas	H	O	w
354	***Andrographis paniculata Parede***	Lilu kariyatu	Acantáceas	H	O	w
355	***Asystasia gangetica (L.) T. Anders.***	Dholi Bandukadi	Acantáceas	H	O	w
356	***Barleria prionitis L.***	Pilo kantaseliyo	Acantáceas	H	O	w
357	***Blepharis maderaspatensis (L.) Roth.***	Untigan	Acantáceas	H	O	w
358	***Blepharis repens. (Vahl) Roth***	Jinku untigan	Acantáceas	H	O	w
359	***Dipteracanthuspatulus (Jacq.) Nees.***	-	Acantáceas	H	O	w
360	***Elytraria acaulis (L. f.) Lindau.***	Dash muli	Acantáceas	H	O	w

361	***Haplanthus verticillatus (Roxb.) Nees***		Acantáceas	H	O	w
362	***Hygrophila auriculata (Schum.) Heine***	Talimkhana	Acantáceas	H	Ch	w
363	***Hygrophila serpyllum (Nees) T. Anders.***	Sarpat	Acantáceas	H	Ch	w
364	***Justicia diffusa Willd.***		Acantáceas	H	O	w
365	***Justicia procumbens L.***	Lisi anghedi	Acantáceas	H	O	w
366	***Justicia simplex D. Don, Prodr.***		Acantáceas	H	O	w
367	***Lepidagathis cristata Willd.***	Jamal gota, Bhoin gota	Acantáceas	H	Ch	w
368	***Lepidagathis trinervis Wall.***	Harancharo	Acantáceas	H	Ch	w
369	***Peristrophe bicalyculata (Retz.) Nees.***	Kali anghedi	Acantáceas	H	O	w
370	***Rueilia tuberosa L.***	Bandukadi	Acantáceas	H	O	w
371	***Clerodendrum inerme (L. f.) Gaertn.***	Vad mahedi	Verbenáceas	H	N	c
372	***Clerodendrum multiflorum (Burm. f.) 0. Ktze.***	Arani	Verbenáceas	s	M	c
373	***Gmelina arborea Roxb.***	Sevan	Verbenáceas	T	N	c
374	***Lantana camara L.var. aculcata (L.) Mold.***	Indrdhanu	Verbenáceas	s	Ch	w
375	***Lantana Camara L. var. sanguinea***	Mistura para colorir Indrdhanu	Verbenáceas	s	Ch	w
376	***Phyla nodiflora*** (L.) Greene	Rathvelyu	Verbenáceas	H	Ele	w
377	***Tectona grandis*** L. f.	Sag	Verbenáceas	T	MMM	w
378	***Vitex negundo*** L.	Nagod	Verbenáceas	T	M	w
379	***Anisomeles indica*** (L.) 0. Ktze.	Chodharo	Lamiaceae	H	O	w
380	***Leucas aspera*** (Willd.) Spr.	Kubo	Lamiaceae	H	O	w
381	***Leucas cephalotes*** (Roxb. ex Roth) Spr.	Doshi-no-kubo	Lamiaceae	H	O	w
382	***Leucas urticaefolia*** R.Br.		Lamiaceae	H	O	w
383	***Mentha spicata*** L.	Fudino	Lamiaceae	H	Ele	w
384	***Ocimum basillicum*** L.	Damro	Lamiaceae	H	O	w
385	***Ocimum canum*** Sims.	Ran tulsi	Lamiaceae	H	O	w
386	***Ocimum gratissimum*** L.	Avachi bavchi	Lamiaceae	H	O	w
387	***Ocimum sanctum*** L.	Tulsi	Lamiaceae	H	N	w
388	***Plantago ovata*** Forsk.	Ghoda Jiru	Plantagináceas	H	O	c
389	***Plantago psyllium*** L.	Jirado	Plantagináceas	H	O	w
390	***Boerhavia diffusa*** L.	Satodi	Nyctaginaceae	H	O	w
391	***Boerhavia verticillata*** Poir.	Satodi	Nyctaginaceae	H	O	w
392	***Bougainvillea spectabilis*** Willd.	Boganvel	Nyctaginaceae	s	Ch	c
393	***Achyranthes aspera*** L. var. ***aspera***	Anghedi	Amaranthaceae	H	O	w
394	***Achyranthes aspera*** L. var. porphyristachya Hk. f.	Anghedi	Amaranthaceae	H	O	w
395	***Aerva javanica*** (Burm. f.) Juss.	Gorakh ganjo	Amaranthaceae	H	O	w
396	***Aerva lanata*** (L.) Juss.	Madhuri	Amaranthaceae	H	O	w

No.	Species	Local name	Family	Habit		
397	***Alternanthera pungens*** H.B & K.		Amaranthaceae	H	O	w
398	***Alternanthera sessilis*** (L.) DC.		Amaranthaceae	H	O	w
399	***Amaranthus hybridus*** L. subsp. ***cruentus*** (L.) Thell.	Rajgaro	Amaranthaceae	H	O	c
400	***Amaranthus lividus*** L.	Tandlajo	Amaranthaceae	H	O	w
401	***Amaranthus spinosus*** L.	Kantlo tsandljo	Amaranthaceae	H	O	w
402	***Amaranthus viridis*** L.		Amaranthaceae	H	O	w
403	***Celosia argentea*** L.	Lampião Pampadi	Amaranthaceae	H	O	w
404	***Digera muricata*** (L.) Mart.	Kanjaro	Amaranthaceae	H	O	w
405	***Gomphrena celosioides*** Mart.		Amaranthaceae	H	H	w
406	***Gomphrena globosa*** L.	Batan	Amaranthaceae	H	H	w
407	***Nothosaerva brachiata*** (L.) wt.		Amaranthaceae	H	O	w
408	***Pupalia lappacea*** (L.) Juss.	Dholo zipto	Amaranthaceae	H	O	w
409	***Chenopodium album*** L.	Chilnibhaji	Chenopodiaceae	H	Ch	w
410	***Chenopodium murale*** L.	Chil	Chenopodiaceae	H	Ch	w
411	***Basella rubra*** L.	Poi	Basellaceae	C	Ch	w
412	***Antigonon leptopus*** Hk. & Am.	Gelado vel	Polygonaceae	C	Ch	c
413	***Polygonum plebeium*** R. Br.	Zinko okharad	Polygonaceae	H	O	w
414	***Aristolochia indica*** L.	Batak vel	Aristolochiaceae	C	Ele	w
415	***Dendrophthoe falcata*** (L. f.) Etting.	Vando	Loranthaceae	H	E	w
416	***Santalum album*** L.	Chandan	Santalaceae	T	E	w
417	***Acalypha indica*** L.	Vinchhi- kato	Euphorbiaceae	H	O	w
418	***Breynia retusa*** (Dennst.) Alst.	Kamboi	Euphorbiaceae	s	N	w
419	***Chrozophora prostrata*** Dalz.	Betho okharad	Euphorbiaceae	H	O	w
420	***Chrozophora rottleri*** (Geis.) Juss.	Kalo okharad	Euphorbiaceae	H	O	w
421	***Croton bonplandianum*** Baill.		Euphorbiaceae	H	O	c
422	***Drypetes roxburghii*** (Wall.) Zumbidos	Puntranjiva	Euphorbiaceae	s	M	w
423	***Emblica officinalis*** Gaertn.	Amla	Euphorbiaceae	T	M	c
424	***Euphorbia heterophylla*** L.	Meia lalpatti	Euphorbiaceae	H	Ch	w
425	***Euphorbia hirta*** L.	Dudheli	Euphorbiaceae	H	O	w
426	***Euphorbia milli*** Ch.		Euphorbiaceae	s	N	w
427	***Euphorbia neriifolia*** L.	Thor	Euphorbiaceae	s	N	w
428	***Euphorbia nivulia*** Buch. - ham.	Thor	Euphorbiaceae	s	N	w
429	***Euphorbia parviflora*** L.		Euphorbiaceae	H	Ch	w
430	***Euphorbia pulcherrima*** Willd.	Lalpati inteiro	Euphorbiaceae	H	Ch	w
431	***Euphorbia tirucalli*** L.	Terra de Kharsani	Euphorbiaceae	s	N	w
432	***Jatropha curcas*** L.	Ratanjot	Euphorbiaceae	s	N	w
433	***Jatropha gossypifolia*** L.	Nápoles	Euphorbiaceae	s	N	w
434	***Kirganelia reticulata (Poir.) Bail!***	Kamboi	Euphorbiaceae	S	N	w
435	***Pedilanthus tithymaloides (L.) Poir.***	Vilayti kharsani.	Euphorbiaceae	S	O	w
436	***Phyllanthus fraternus Webst.***	Bhoy amli	Euphorbiaceae	H	O	w
437	***Ricinus communis L.***	Aerando	Euphorbiaceae	s	M	c
438	***Holoptelea integrifolia (Roxb.) Planch***	Parpaliya	Ulmáceas	T	MM	w
439	***Cannabis sativa L.***	Bhang	Cannabaceae	H	O	w
440	***Ficus benghalensis L.***	Vad	Moráceas	T	E	w
441	***Ficus drupacea Thunb var. pubescens Roth.***	Pipli	Moráceas	T	MMM	w
442	***Ficus racemosa L.***	Umaro	Moráceas	T	E	w
443	***Ficus religiosa L.***	Piplo	Moráceas	T	E	w

444	***Morus alba L.***	Shetur	Moráceas	S	N	c
445	***Casuarina equisetifolia L.***	Sharu	Casuarinaceae	T	MM	c
446	***Ceratophyllum demersum L.***		Ceratophyllaceae	H	HHH	w
447	***Hydrilla verticillata (L. f.) Royle.***	Jal shrunkhala	Hydrocharitaceae	H	HHH	w
448	***Vallisneria spiralis L.***		Hydrocharitaceae	H	HHH	w
449	***Musa paradisiaca L.***	Kel	Musáceas	H	N	c
450	***Canna indica L.***	Bajarbuttu	Cannáceas	H	G	c
451	***Crinum asiaticum L.***	Nagdamni	Amaryllidaceae	H	G	c
452	***Pancratium triflorum Roxb.***	Nagdaman	Amaryllidaceae	H	G	w
453	***Agave americana L.***	Ketaki	Agaváceas	H	N	w
454	***Dioscorea bulbifera L.***	Kanak	Dioscoreaceae	C	Ch	w
455	***Curcuma inodora Blatter***	Jangli Haldar.	Zingiberaceae	H.	O	w
456	***Allium cepa L.***	Dungali	Liliaceae	H	G	c
457	***Allium sativa L.***	Lasan	Liliaceae	H	G	c
458	***Aloe barbadense Mill.***	Kuvar pathu	Liliaceae	H	S	c
459	***Espargo racemoso Willd.***	Satavari	Liliaceae	C	Ch	w
460	***Asphodelus tenuifolius Cav.***	Dungro	Liliaceae	H	G	w
461	***Chlorophytum borivilianum Sant. & Fernand.***	Musali	Liliaceae	H	G	w
462	***Chlorophytum tuberosum (Roxb.) Baker***	Saphed musali	Liliaceae	H	G	w
463	***Gloriosa superba L.***	Kankasani	Liliaceae	C	Ch	w
464	***Urginea indica L.***	Jangli dungli	Liliaceae	H	G	w
465	***Eichhornia crassipes (Mart.) Solms***	Jalkumbhi	Pontederiaceae	H	HH	w
466	***Commelina benghalensis L.***	Motu sismuliu	Commelinaceae	H	O	w
467	***Commelina diffusa Burm. f.***	Shismuliyu	Commelinaceae	H	O	w
468	***Commelina erecta L.***	Nanu Shismuliyu	Commelinaceae	H	O	w
469	***Commelina paludosa Bl.***	Shismuliyu	Commelinaceae	H	O	w
470	***Cyanotis cristata (L.) Schult, f.***		Commelinaceae	H	O	w
471	***Borassus flabellifer L.***	Pankhatad	Arecaceae	T	M	c
472	***Caryota urens L.***	Shivjata	Arecaceae	T	MM	c
473	***Cocos nucifera L.***	Nalyeri	Arecaceae	T	MMM	c
474	***Phoenix sylvestris (L.) Roxb.***	Khajuri	Arecaceae	T	MM	c
475	***Pandanus odoratissimus L. f.***	Kevado	Pandanaceae	T	N	w
476	***Typha angustata Bory & Chaub***	Ghhabajariya	Typhaceae	H	HH	w
477	***Amorphophallus commutatus (Roxb.) Bl.***	Jangali suran	Araceae	H	HHH	w
478	***Lemna gibba L.***	Lemna	Lemnaceae	H	HHH	w
479	***Limnophyton obtusifolium (L.) Miq.***		Alismataceae	H	HHH	w
480	***Sagittaria sagittifolia L.***		Alismataceae	H	HHH	w
481	***Potamogeton nodosus Poir.***		Potamogetonaceae	H	HHH	w
482	***Eriocaulon eleanorae Fyson***		Eriocauláceas	H	HH	w

483	***Bulbostylis barbata (Rottb.) Cl.***		Cyperaceae	H	O	w
484	***Cyperus articulatus L.***		Cyperaceae	H	O	w
485	***Cyperus compressus L.***		Cyperaceae	H	O	w
486	***Cyperus difformis L.***		Cyperaceae	H	O	w
487	***Cyperus exaltatus Retz. var. exaltatus***		Cyperaceae	H	O	w
488	***Cyperus haspan L.***		Cyperaceae	H	O	w
489	***Cyperus iria L. var. paniciformis (Franch et Sav.) Cl.***		Cyperaceae	H	O	w
490	***Cyperus nutans*** Valil var. ***eleusinoides*** (Kunth) Haines		Cyperaceae	H	O	w
491	***Cyperus rotundus*** L.	Chiyo	Cyperaceae	H	O	w
492	***Cyperus stoloniferus*** Retz.		Cyperaceae	H	Ele	w
493	***Kyllinga triceps*** Rottb.		Cyperaceae	H	O	w
494	***Scirpus articulatus*** L.		Cyperaceae	H	Ele	w
495	***Scirpus kyllingioides*** Boeck.		Cyperaceae	H	Ele	w
496	***Scirpus triangulatus*** Roxb.		Cyperaceae	H	Ele	w
497	***Andropogon putnilus*** (Burm. f.) Roxb.	Zinzvo	Poaceae	H	O	w
498	***Apluda mutica*** L.		Poaceae	H	O	w
499	***Aristida funiculata*** Trin. & Rupr.		Poaceae	H	O	w
500	***Aristida redacta*** Stapf	Lâmpada	Poaceae	H	O	w
501	***Arundinella metzii*** Hochst. ex Miq.		Poaceae	H	O	w
502	***Bambusa arundinacea*** (Retz.) Willd.	Kantivas	Poaceae	T	MMM	w
503	***Bothriochloaglabra*** (Roxb.) A. camus	Dharfo	Poaceae	H	O	w
504	***Bothriochloa pertusa*** (L.) A. Camus	Jinjvo	Poaceae	H	O	w
505	***Cenchrus biflorus*** Roxb.	Motu- dhramnu.	Poaceae	H	O	w
506	***Cenchrus ciliaris*** L.	Jhinku-dhramnu	Poaceae	H	O	w
507	***Cenchrus pennisetiformis*** Hochst. & Steud.		Poaceae	H	O	w
508	***Cenchrus setigerus.*** Vahl	Moda dhaman relva	Poaceae	H	O	w
509	***Chloris barbata*** Sw.		Poaceae	H	O	w
510	***Chloris virgata*** Sw.		Poaceae	H	O	w
511	***Cymbopogon citratus*** (DC.) Stapf	Lili chaha	Poaceae	H	O	w
512	***Cynodon dactylon*** (L.) Pers.	Dharo	Poaceae	H	O	w
513	***Desnwstachya bipinnata.*** (L.) Stapf	Dhabhdo	Poaceae	H	O	w
514	***Dendrocalamus strictus*** Nees	Carrinhas Nakkar	Poaceae	H	N	w
515	***Digitaria adscendens*** (H.B. & K.) Henr.	Torodiyu	Poaceae	H	O	w
516	***Digitaria biformis*** Willd.		Poaceae	H	O	w
517	***Echinochloa colonum*** (L.) Ligação	Samo	Poaceae	H	O	w

518	***Echinochloa frumentacea*** Ligação	Banti	Poaceae	H		O		c
519	***Eleusine coracana*** (L.) Gaertn.	Nagli, bavto	Poaceae	H		O	w	
520	***Eragrostis ciliaris*** (L.) R. Br.		Poaceae	H		O	w	
521	***Eragrostispilosa*** (Thunb.) Trin.		Poaceae	H		O	w	
522	***Hordeum vulgare*** L. Sp.	Jav	Poaceae	H		O	w	
523	***Paspalidiumflavidum*** (Retz.) A Camus	Zinko samo	Poaceae	H		O	w	
524	***Paspalum scrobiculatum*** L.	Kodari	Poaceae	H		O	w	
525	***Pennisetum typhoides*** (Burm. f.) Stapf & Hubb.	Bajari	Poaceae	H		O		c
526	***Saccharum officinarum*** L.	Sherdi	Poaceae	s	N		w	
527	***Setaria glauca*** (L.) P. Beauv.	Kutra ghas	Poaceae	H		O	w	
528	***Setaria italica*** (L.) P. Beauv.	Kang	Poaceae	H		O	w	
529	***Setaria tomentosa*** (Roxb.) Kunth	Kutri	Poaceae	H		O	w	
530	***Sorghum bicolor*** (L.) Moench.	Juwar	Poaceae	H		O		c
531	***Sorghum halepense*** (L.) Pers.	Janglijuwar	Poaceae	H		O	w	
532	***Sporobolus coromandelianus*** (Retz.) Kunth		Poaceae	H		O	w	
533	***Sporobolus fert.Uis*** (Steud.) Clayton		Poaceae	H		O	w	
534	***Sporobolus maderaspatenus*** Bor		Poaceae	H		O	w	
535	***Triticum aestivum*** L.	Gahun	Poaceae	H		O		c
536	***Zea mays*** L.	Makai	Poaceae	H		O		c

O presente estudo revela 536 espécies, das quais 367 géneros e 109 famílias (fig.-l). As dicotiledóneas contribuíram com 446 espécies de plantas, pertencentes a 306 géneros e 89 famílias, o que é bastante mais elevado do que Monocotiledóneas. As Monocotiledóneas contribuíram apenas com 90 espécies pertencentes a 61 géneros e 20 famílias, exceto Poaceae e Cyperaceae.

5.3 Determinação da abundância, densidade e frequência das espécies vegetais.

Para o estudo ecológico, foram estabelecidas parcelas de amostragem em todas as aldeias que têm floresta de reserva e não reserva na área de estudo. Viz. Serpura, perto do templo de Sebhargog, Bhakhari, NavaSerpura, NaviSedhani, Sedhani, Motipura, Paniari, Mumanvas, Jalotra, Joita, Pavathi, Dhori, etc.

No total, foram demarcadas e estudadas 165 parcelas na aldeia acima referida, das quais mais parcelas foram estabelecidas em Pavthi, Dhori, Serpura, Bhakhari, Navisedhani, Junisedhani e Mumanvas.

5.3.1 Análise fitossociológica das espécies arbóreas:

A floresta de reserva de Vadgam tem uma boa diversidade de árvores. Foram enumeradas 84 espécies de árvores. Foram registadas 62 espécies em 165 parcelas de amostragem que cobrem uma área de 13,26 ha, sendo a área total da floresta de reserva de Vadgam de 1321 ha.

As espécies de árvores individuais constituem mais de - % da população total de árvores. De acordo com a dominância das espécies, estas são *Acacia nilotica* (L.) Del, *Butea monosperma* (Lam.) Thub, *Acacia Senegal* Willd, *Anogeissus latifolia* (Roxb.)

Wall, ex Bedd. Foram identificadas associações de espécies arbóreas, cujos pormenores são apresentados no quadro 32. Podem existir pequenas manchas com floresta pura de uma única espécie. Nalgumas áreas, o grupo de árvores dominantes foi estudado com o objetivo de analisar as principais espécies individuais.

Tabela:-15. Espécies de árvores registadas nas parcelas de amostragem, bem como fora da parcela de amostragem

NÃO	ESPÉCIES DE ÁRVORES NO INTERIOR DA AMOSTRA DE TERRENO	NO	ESPÉCIES DE ÁRVORES FORA DA AMOSTRA DE TERRENO
1	***Crateva nurvala*** Buch. - Ham.	1	***Polyalthia longifolia*** (Sonn.) Thw. Enum
2	***Thespesia populnea*** (L.) Sol. ex Corr.	2	***Aegle marmelos*** (L.) Corr.
3	***Bombax ceiba*** L.	3	***Dalbergia latifolia*** Roxb.
4	***Guazuma ulmifolia*** Lam.	4	***Peltophorumpterocarpum*** (DC.) Baker, ex. Heyne
5	***Sterculia urens*** Roxb.	5	***Terminalia catappa*** L.
6	***Limonia acidissima*** L.	6	***Calystemon lenceolatus*** L.
7	***Ailanthus excelsa*** Roxb.	7	***Eucalyptus citriodora*** Hk.
8	***Boswellia serrata*** Roxb.	8	***Eucalyptus globulus*** Labill.
9	***Azadirachta indica*** A. Juss.	9	***Melia azedarach*** L.
10	***Sapindus emarginatus*** Vahl.	10	***Adina cordifolia*** (Roxb.) Bth. & Hk.
11	***Lannea coromandelica*** (Houtt). Merrill	11	***Mimusops elengi*** L.
12	***Mangifera indica*** L.	12	***Plumeria rubra*** L.
13	***Moringa concanensis*** Nimmo	13	***Oroxylum indicum*** Vent.
14	***Moringa oleifera*** Lam.	14	***Emblica officinalis*** Gaertn.
15	***Butea monosperma*** (Lam.) Thub.	15	***Ficus racemosa*** L.
16	***Dalbergia sissoo*** Roxb.	16	***Ficus religiosa*** L.
17	***Derris indica*** (Lam.) Bennet	17	***Casuarina equisetifolia*** L.
18	***Cassia fistula*** L.	18	***Borassusflabellifer*** L.
19	***Cassia siamea*** Lam.	19	***Caryota urens*** L.
20	***Delonix elata*** (L.) Gamble	20	***Cocos nucifera*** L.
21	***Delonix regia*** (Boj.) Ref.	21	***Pandanus odoratissimus*** L. f.
22	***Tamarindus indica*** L.	22	***Bambusa arundinacea*** (Retz.) Willd.
23	***Acacia chundra*** (Roxb. ex Rottl.) Willd.		
24	***Acacia nilotica*** (L.) Del.		
25	***Acácia Senegal*** Willd.		
26	***Albizia lebbeck*** (L.) Bth.		
27	***Leucaena leucoephala*** (Lam.) de wit		
28	***Pithecellobium dulce*** (Roxb.) Bth.		
29	***Prosopis cineraria*** (L.) Druce		
30	***Prosopis juliflora*** (Sw.) DC.		
31	***Samaneasaman*** (Jacq.) Merr.		
32	***Anogeissus latifolia*** (Roxb.) Wall. ex Bedd.		
33	***Anogeissus pendula*** Edgew.		
34	***Terminalia arjuna*** (Roxb.) W. & A.		
35	***Terminalia bellirica*** (Gaertn.) Roxb.		
36	***Syzygium cumini*** (L.) Skeels		

37	***Alangium salvifolium*** (L. f.) wang
38	***Anthocephalus kadamba*** L.
39	***Hymenodictyon excelsum*** (Roxb.) Wall.
40	***Mitragynaparvifolia*** (Roxb.) Korth.
41	***Morinda tomentosa*** Heyne ex Roth
42	***Madhuca indica*** J. F. Gmel.
43	***Manilkara hexandra*** (Roxb.) Dub.
44	***Diospyros melanoxylon*** Roxb.
45	***Salvadora persica*** L.
46	***Salvadora oleoides*** Decne.
47	***Alstonia scholaris*** (L.) R.Br.
48	***Holarrhena antidysenterica*** (Heyne ex Roth) wall.
49	***Wrightia tinctoria*** R. Br.
50	***Wrightia tomentosa*** R. & S.
51	***Cordia gharaf*** (Forsk.) E. & A.
52	***Cordia dichotoma*** Forst.
53	***Kigeliapinnata*** (Jacq.) DC.
54	***Tecomella undulata*** (Sw.) Seem.
55	***Gmelina arborea*** L.
56	***Tectona grandis*** L. f.
57	***Vitex negundo*** L.
58	***Santalum album*** L.
59	***Holoptelea integrifolia*** (Roxb.) Planch
60	***Ficus benghalensis*** L.
61	***Ficus drupacea*** Thunb var. ***Pubescens*** Roth.
62	***Phoenix sylvestris*** (L.) Roxb.

Entre todas as espécies arbóreas, *a Accacia nilotica* (L.) Del. registou uma frequência máxima de 77%, uma abundância de 25 e uma densidade de 19. *A Acacia nilotica* (L.) Del. Del. representa 18% da composição total do coberto arbóreo. A espécie dominante seguinte é a *Butea monosperma* (Lam.) Thub. (frequência 65%, abundante 27, densidade 18). Esta espécie contribuiu com 16,36% para a composição arbórea total.

Tabela :-16. Análise fitossociológica das espécies arbóreas na área de estudo.

Não	Espécies de plantas	N.º de parcelas de amostragem	Número de plantas	Frequência	Densidade	Abundância
1	***Crateva nurvala*** Buch. - Ham.	21	52	13	0.3	2.5
2	***Thespesia populnea*** (L.) Sol. ex Corr.	14	33	8.5	0.2	2.4
3	***Bombax ceiba*** L.	19	41	12	0.2	2.2
4	***Guazuma ulmifolia*** Lam.	1	3	0.6	0	3
5	***Sterculia urens*** Roxb.	17	65	10	0.4	3.8
6	***Limonia acidissima*** L.	16	38	9.7	0.2	2.4
7	***Ailanthus excelsa*** Roxb.	29	69	18	0.4	2.4
8	***Boswellia serrata*** Roxb.	13	29	7.9	0.2	2.2
9	***Azadirachta indica*** A. Juss.	33	82	20	0.5	2.5
10	***Sapindus emarginatus*** Vahl.	28	108	17	0.7	3.9
11	***Lannea coromandelica*** (Houtt). Merrill	23	52	14	0.3	2.3

12	***Mangifera indica*** L.	9	28	5.5	0.2	3.1
13	***Moringa concanensis*** Nimmo	11	38	6.7	0.2	3.5
14	***Moringa oleifera*** Lam.	8	21	4.8	0.1	2.6
15	***Butea monosperma* (Lam.) Thub.**	**107**	**2913**	**65**	**18**	**27**
16	***Dalbergia sissoo*** Roxb.	21	48	13	0.3	2.3
17	***Derris indica*** (Lam.) Bennet	96	518	58	3.1	5.4
18	***Cassia fistula*** L.	12	84	7.3	0.5	7
19	***Cassia siamea*** Lam.	18	115	11	0.7	6.4
20	***Delonix elata*** (L.) Gamble	20	78	12	0.5	3.9
21	***Delonix regia*** (Boj.) Ref.	22	67	13	0.4	3
22	***Tamarindus indica*** L.	26	128	16	0.8	4.9
23	***Acacia chundra*** (Roxb. ex Rottl.) Willd.	67	903	41	5.5	13
24	***Acacia nilotica* (L.) Del.**	**127**	**3206**	**77**	**19**	**25**
25	***Acácia Senegal* Willd.**	**61**	**1782**	**37**	**11**	**29**
26	***Albizia lebbeck*** (L.) Bth.	72	678	44	4.1	9.4
27	***Leucaena leucoephala*** (Lam.) de wit	39	234	24	1.4	6
28	***Pithecellobium dulce*** (Roxb.) Bth.	18	93	11	0.6	5.2
29	***Prosopis cineraria*** (L.) Druce	69	522	42	3.2	7.6
30	***Prosopis juliflora*** (Sw.) DC.	103	823	62	5	8
31	***Samaneasaman*** (Jacq.) Merr.	14	37	8.5	0.2	2.6
32	***Anogeissus latifolia*** (Roxb.) Wall. ex Bedd.	71	1462	43	8.9	21
33	***Anogeissus pendula*** Edgew.	4	64	2.4	0.4	16
34	***Terminalia arjuna*** (Roxb.) W. & A.	44	162	27	1	3.7
35	***Terminalia bellirica*** (Gaertn.) Roxb.	33	102	20	0.6	3.1
36	***Syzygium cumini*** (L.) Skeels	12	71	7.3	0.4	5.9
37	***Alangium salvifolium*** (L. f.) wang	40	592	24	3.6	15
38	***Anthocephalus kadamba*** L.	2	3	1.2	0	1.5
39	***Hymenodictyon excelsum*** (Roxb.) Wall.	1	2	0.6	0	2
40	***Mitragynaparvifolia*** (Roxb.) Korth.	21	43	13	0.3	2
41	***Morinda tomentosa*** Heyne ex Roth	2	9	1.2	0.1	4.5
42	***Madhuca indica*** J. F. Gmel.	13	41	7.9	0.2	3.2
43	***Manilkara hexandra*** (Roxb.) Dub.	10	37	6.1	0.2	3.7
44	***Diospyros melanoxylon*** Roxb.	49	507	30	3.1	10
45	***Salvadora persica*** L.	32	59	19	0.4	1.8
46	***Salvadora oleoides*** Decne.	18	82	11	0.5	4.6
47	***Alstonia scholaris*** (L.) R.Br.	3	22	1.8	0.1	7.3
48	***Holarrhena antidysenterica*** (Heyne ex Roth) wall.	39	218	24	1.3	5.6
49	***Wrightia tinctoria*** R. Br.	94	619	57	3.8	6.6
50	***Wrightia tomentosa*** R. & S.	84	384	51	2.3	4.6
51	***Cordia gharaf*** (Forsk.) E. & A.	15	42	9.1	0.3	2.8
52	***Cordia dichotoma*** Forst.	30	58	18	0.4	1.9
53	***Kigeliapinnata*** (Jacq.) DC.	4	28	2.4	0.2	7
54	***Tecomella undulata*** (Sw.) Seem.	14	21	8.5	0.1	1.5
55	***Gmelina arborea*** L.	6	23	3.6	0.1	3.8
56	***Tectona grandis*** L. f.	11	67	6.7	0.4	6.1
57	***Vitex negundo*** L.	42	121	25	0.7	2.9

58	*Santalum album* L.	6	23	3.6	0.1	3.8
59	*Holoptelea integrifolia* (Roxb.) Planch	2	7	1.2	0	3.5
60	*Ficus benghalensis* L.	8	27	4.8	0.2	3.4
61	*Ficus drupacea* Thunb var. *Pubescens* Roth.	2	9	1.2	0.1	4.5
62	*Phoenix sylvestris* (L.) Roxb.	1	6	0.6	0	6

Estas espécies ocorrem no máximo das parcelas de amostragem e têm também um RD mais elevado, como se pode ver na tabela 13.

Tabela:-13. Espécies de árvores dominantes na área de estudo

Não	Nome da planta	RF	RD	Área basal	R.Dom	IVI	%
1	*Acacia nilotica* (L.) Del.	0.71	18	41.28	0.153	19	18.01
2	*Butea monosperma* (Lam.) Thub.	0.6	16.4	77.3	0.287	17	16.37
3	*Acácia Senegal* Willd.	0.34	10	84.72	0.315	11	10.01
4	*Anogeissus latifolia* (Roxb.) Wall, ex Bedd.	0.4	8.21	47.13	0.175	8.8	8.214
5	*Acacia chundra* (Roxb. ex Rottl.) Willd.	0.38	5.07	35.72	0.133	5.6	5.073
6	*Prosopis juliflora* (Sw.) DC.	0.58	4.62	63.86	0.237	5.4	4.624
7	*Albizia lebbeck* (L.) Bth.	0.4	3.81	55.62	0.207	4.4	3.809
8	*Wrightia tinctoria* R. Br.	0.53	3.48	226.2	0.84	4.8	3.478
9	*Alangium salvifolium* (L. f.) wang	0.22	3.33	188.7	0.701	4.3	3.326
10	*Prosopis cineraria* (L.) Druce	0.39	2.93	70.28	0.261	3.6	2.933

5.3.1.1. Espécies de árvores dominantes na floresta da reserva.

(1) ***Acacia nilotica*** **(L.) Del. (Baval)-** É uma das principais espécies dominantes, popularmente conhecida como Baval. Verificou-se que o baval era dominante na parte sul da zona, incluindo a região de Sebhargog, Navi-sethani, na parte norte da zona, como Jalotra, Motipura, na parte central da zona, como Joita, e na parte oriental da zona, como Mokeswar, etc., e na parte ocidental de Pavthi e Dhori. A área total onde o baval é dominante tem 3206 árvores. Esta espécie possui uma frequência de 77 %, uma densidade de 19,4 e uma abundância de 25,2. O IVI desta espécie é de 19.

Esta espécie é a mais importante para a população tribal. A madeira da *Acacia nilotica* (L.) Del. é utilizada apenas como lenha. As tribos utilizam a goma para comer e também as folhas e os frutos são utilizados como forragem para os animais.

(2) ***Butea monosperma*** **(Lam.) Thub.** (Khakhro) - Esta espécie pertence à família Fabaceae. É conhecida como Palas, Khakhro, Kesudo e "chama da floresta" pela população local. Constitui quase 16,37 % do total de árvores. Esta espécie domina toda a floresta da reserva. Está presente em 107 parcelas de amostragem. Esta espécie possui uma frequência de 64. 8 %, 17.7 Densidade e 27.2 Abundância. (Tabela:12). O seu RD é de 16,4, IVI17.

A *Butea* é a mais importante para as pessoas de três tribos. A madeira de *Butea* é utilizada apenas como lenha. Não é adequada para o fabrico de mobiliário, uma vez que racha à medida que seca. As tribos utilizam o extrato da flor no corpo, uma vez que absorve o calor do corpo. O extrato da flor é especialmente utilizado no festival

Holi -Dhuleti para aplicar cor nas pessoas.

(3) *Acacia Senegal* Willd. (Goradiyo-baval)- A *Acacia Senegal* Willd. é muito importante para a população tribal. A madeira de *Acacia Senegal* Willd. é utilizada apenas como lenha. As tribos utilizam a goma para comer e também as folhas e os frutos são utilizados como forragem para os animais.

Esta espécie pertence à família Mimosaceae. Foram enumeradas 1782 árvores pertencentes à *Acacia* em 61 parcelas de amostragem. O seu RF é de 0,34, RD 10.

(4) *Anogeissus latifolia* (Roxb.) Wall, ex Bedd. (Dhav) - Esta planta pertence à família Combretaceae. É uma árvore de folha caduca. Propaga-se por sementes. É útil em condições viciadas, feridas e úlceras, inflamações, diabetes, diarreia, disenteria, em doenças de pele e lepra. Por isso, é considerada

Pressão antropogénica. Esta espécie é utilizada como forragem para pastoreio.

É comum em toda a floresta. Esta espécie ocorre em Serpura, Jalotra, Pavthi, Dhori, Joita e Navaserpura. São menos numerosas nas zonas de Pavthi, Dhori e Jalotra.

(5) *Acacia chundra* (Roxb. ex Rottl.) Willd. (Khair) - Esta espécie pertence à família Mimosaceae. Geralmente, esta espécie encontra-se em todos os tipos de habitat, incluindo colinas rochosas e colinas arenosas, mas apresenta a copa do solo. Esta espécie é dominante na floresta da cordilheira de Danta. Possui 80 % de frequência em Serpura (Sebhar), Bhakhri, Navisedhani e Mokeshar, enquanto 20,91 % de frequência na floresta de Palanpur.

A *Acacia chundra* (Roxb. ex Rottl.) Willd. é muito importante para as pessoas do Trio. A madeira de *Acacia chundra* (Roxb. ex Rottl.) Willd. é utilizada apenas como lenha. As tribos usam a goma para comer e também as folhas, o apical da árvore e os frutos são usados como forragem para os animais.

5.3.2 Análise fitossociológica das espécies arbustivas:

Foi registado um total de 85 espécies de arbustos na área de estudo. As várias espécies de arbustos foram listadas na tabela.18. Das 85 espécies de arbustos, 55 espécies ocorrem dentro das parcelas, enquanto as restantes espécies são encontradas fora das parcelas de amostragem. (Tabela:18)

A parcela 132 mostra uma densidade notável de *Capparis sepiaria* L.. Apresenta uma abundância de 7,818 e uma frequência de 80 %. *Capparis decidua* (Forsk.) Edgew. tem uma densidade de 4,594, a abundância é de 6,534 e a frequência de ocorrência é de 70,3 %. A abundância e a frequência dos vários arbustos estão listadas na tabela 18.

Tabela:-18. Espécies de arbustos registadas dentro e fora da parcela de amostragem

NÃO.	ARBUSTO AO LADO DO AMOSTRA DE TERRENO	NÃO	ARBUSTO FORA DA AMOSTRA LOTE
1	***Capparis decidua*** (Forsk.) Edgew.	1	***Annona squamosa*** L.
2	***Capparis sepiaria*** L.	2	***Abelmoschus esculentus*** (L.) Moench.
3	***Maerua oblongifolia*** (Forsk.) A. Rich.	3	***Gossypium barbadense*** L.
4	***Ablemoschus manihot*** (L.) Medic.	4	***Hibiscus rosa-sinensis*** L.
5	***Abutilon fruticosum*** Guill.	5	***Murraya koenigii*** (L.) Spr.
6	***Abutilon indicum*** (L.) Sw.	6	***Murrayapaniculata*** (L.) Jack.
7	***Gossypium herbaceum*** auct. Non L.	7	***Cajanus cajan*** (L.) Millsp.

8	***Sida ovata*** Forsk.	8	***Bauhinia tomentosa*** L.
9	***Helicteres isora*** Lam.	9	***Caesalpiniapulcherrima*** (L.) Sw.
10	***Grewia damine*** Sm.	10	***Cassia angustifolia*** Vahl
11	***Grewia subinequalis*** DC.	11	***Parkinsonia aculeata*** L.
12	***Grewia tiliaefolia*** Vahl.	12	***Acacia auriculiformis*** A.cumn- Benth
13	***Triumfetta pentandra*** A. Rich.	13	***Prosopis stephaniana.*** Kunth
14	***Triumfetta rhomboidea*** Jacq.	14	***Rosa indica*** L.
15	***Citrus limon*** (L.) Burm. f.	15	***Lawsonia inermis*** L.
16	***Citrus medica*** (L.) var. limon L.	16	***Punica granatum*** L.
17	***Balanites aegyptiaca*** (L.) Del.	17	***Hamelia patens*** Jacq.
18	***Commiphora wightii*** (Am.) Bhandari	18	***Ixora arborea*** Roxb. ex Smith
19	***Maytenus emarginata*** (Willd.) D. Hou.	19	***Ixora coccinea*** L.
20	***Zizyphus mauritiana*** Lam.	20	***Gardenia resinifera*** Roth. Nov.
21	***Zizyphus nummularia*** (Burm. f.) W.&A.	21	***Nyctanthes arbortristis*** L.
22	***Desmodium gangeticum*** (L.) DC.	22	***Jaminum multiflorum*** (Brum, f.) Andr.
23	***Bauhinia purpurea*** L.	23	***Ervatamia divaricata*** (L.) Burkill.
24	***Bauhinia racemosa*** Lam.	24	***Nerium indicum*** Mill.
25	***Caesalpinia crista*** L.	25	***Thevetiaperuviana*** (Pers.) Merr.
26	***Cassia auriculata*** L.	26	***Tecoma stans*** (L.) H. B. & K.
27	***Cassia occidentalis*** L.	27	***Bougainvillea spectabilis*** Willd.
28	***Acacia jacquemontii*** Bth.	28	***Ricinus communis*** L.
29	***Dichrostachya cinerea*** (L.) W. &A.	29	***Morus alba*** L.
30	***Mimosa hamata*** Willd.	30	***Saccharum officinarum*** L.
31	***Psidium guajava*** L.		
32	***Opuntia elatior*** Mill.		
33	***Xeromphis spinosa*** (Thunb.) Keay		
34	***Manilkara zapota*** L.		
35	***Diospyrus embroyopteris*** Pers.		
36	***Azima tetracantha*** Lam.		
37	***Carissa congesta*** Wt.		
38	***Calotropis gigantia*** (L.) R. Br.		
39	***Calotropisprocera*** (Ait.) R. Br.		
40	***Strychnos potatorum*** L.		
41	***Datura innoxia*** Mill.		
42	***Datura metel*** L.		
43	***Clerodendrum multiflorum*** (Burm. f.) 0. Ktze.		
44	***Lantana camara*** L.var. aculcata (L.) Mold.		
45	***Lantana Camara*** L. var. sanguinea		
46	***Breynia retusa*** (Dennst.) Alst.		
47	***Drypetes roxburghii*** (Wall.) Hurus		
48	***Euphorbia milli*** Ch.		
49	***Euphorbia neriifolia*** L.		
50	***Euphorbia nivulia*** Buch. - ham.		
51	***Euphorbia tirucalli*** L.		
52	***Jatropha curcas*** L.		
53	***Jatropha gossypifolia*** L.		
54	***Kirganelia reticulata*** (Poir.) Baill.		
55	***Pedilanthus tithymaloides*** (L.) Poir.		

Tabela-19. Análise fitossociológica das espécies arbustivas da região florestal.

Sr. Não.	Nome	Sp. Disponível em lote	N.º de Plantas	Frequência	Freq. Classe.	Abundância ance	Densidade
1	*Capparis decidua* (Forsk.) Edgew.	116	758	70.3	E	6.534	4.594
2	***Capparis sepiaria* L.**	**132**	**1032**	**80**	**E**	**7.818**	**6.255**
3	***Maerua oblongifolia*** (Forsk.) A. Rich.	16	41	9.697	A	2.563	0.248
4	***Ablemoschus manihot*** (L.) Medic.	9	23	5.455	A	2.556	0.139
5	***Abutilon fruticosum*** Guill.	68	547	41.21	C	8.044	3.315
6	***Abutilon indicum*** (L.) Sw.	93	803	56.36	C	8.634	4.867
7	***Gossypium herbaceum*** auct. Non L.	6	9	3.636	A	1.5	0.055
8	***Sida ovata*** Forsk.	87	712	52.73	C	8.184	4.315
9	***Helicteres isora*** Lam.	43	121	26.06	B	2.814	0.733
10	***Grewia damine*** Sm.	6	34	3.636	A	5.667	0.206
11	***Grewia subinequalis*** DC.	2	5	1.212	A	2.5	0.03
12	***Grewia tiliaefolia*** Vahl.	18	46	10.91	A	2.556	0.279
13	***Triumfetta pentandra*** A. Rico.	23	47	13.94	A	2.043	0.285
14	***Triumfetta rhomboidea*** Jacq.	68	362	41.21	C	5.324	2.194
15	***Citrus limon*** (L.) Burm. f.	6	13	3.636	A	2.167	0.079
16	***Citrus medica*** (L.) var. limon L.	9	24	5.455	A	2.667	0.145
17	***Balanites aegyptiaca*** (L.) Del.	83	748	50.3	C	9.012	4.533
18	***Commiphora wightii*** (Arn.) Bhandari	7	11	4.242	A	1.571	0.067
19	***Maytenus emarginata*** (Willd.) D. Hou.	47	272	28.48	B	5.787	1.648
20	***Zizyphus mauritiana*** Lam.	56	187	33.94	B	3.339	1.133
21	***Zizyphus nummularia*** (Burm. f.) W. & A.	84	204	50.91	C	2.429	1.236
22	***Desmodium gangeticum*** (L.) DC.	9	23	5.455	A	2.556	0.139
23	***Bauhinia purpurea*** L.	28	92	16.97	A	3.286	0.558
24	***Bauhinia racemosa*** Lam.	10	22	6.061	A	2.2	0.133
25	***Caesalpinia crista*** L.	45	183	27.27	B	4.067	1.109
26	***Cassia auriculata*** L.	62	418	37.58	B	6.742	2.533
27	***Cassia occidentalis*** L.	68	464	41.21	c	6.824	2.812
28	***Acacia jacquemontii*** Bth.	5	13	3.03	A	2.6	0.079
29	***Dichrostachya cinerea*** (L.) W. & A.	71	361	43.03	C	5.085	2.188
30	***Mimosa hamata*** Willd.	22	61	13.33	A	2.773	0.37
31	***Psidium guajava*** L.	14	53	8.485	A	3.786	0.321
32	***Opuntia elatior*** Mill.	37	129	22.42	A	3.486	0.782
33	***Xeromphis Spinosa*** (Thunb.) Keay	10	32	6.061	A	3.2	0.194

34	***Manilkara zapota*** L.	3	17	1.818	A	5.667	0.103
35	***Diospyrus embroyopteris*** Pers.	56	973	33.94	B	17.38	5.897
36	***Azima tetracantha*** Lam.	10	32	6.061	A	3.2	0.194
37	***Carissa congesta*** Wt.	20	126	12.12	A	6.3	0.764
38	***Calotropis gigantia*** (L.) R. Br.	27	62	16.36	A	2.296	0.376
39	***Calotropisprocera*** (Ait.) R. Br.	43	168	26.06	B	3.907	1.018
40	***Strychnos potatorum*** L.	2	9	1.212	A	4.5	0.055
41	***Datura innoxia*** Mill.	39	87	23.64	B	2.231	0.527
42	***Datura metel*** L.	52	203	31.52	B	3.904	1.23
43	***Clerodendrum multiflorum*** (Burm. f.) 0. Ktze.	29	64	17.58	A	2.207	0.388
44	***Lantana camara*** L.var. ***aculcata*** (L.) Mold.	31	162	18.79	A	5.226	0.982
45	***Lantana Camara*** L. var. ***sanguinea***	8	9	4.848	A	1.125	0.055
46	***Breynia retusa*** (Dennst.) Alst.	3	5	1.818	C	1.667	0.03
47	***Drypetes roxburghii*** (Wall.) Hurus	28	113	16.97	A	4.036	0.685
48	***Euphorbia milli*** Ch.	23	107	13.94	A	4.652	0.648
49	***Euphorbia neriifolia*** L.	9	21	5.455	A	2.333	0.127
50	***Euphorbia nivulia*** Buch. - ham.	43	534	26.06	B	12.42	3.236
51	***Euphorbia tirucalli*** L.	72	200	43.64	C	2.778	1.212
52	***Jatropha curcas*** L.	28	134	16.97	A	4.786	0.812
53	***Jatropha gossypifolia*** L.	12	38	7.27	A	3.17	0.23
54	***Kirganelia reticulata*** (Poir.) Baill.	87	614	52.73	C	7.057	3.721
55	***Pedilanthus tithymaloides*** (L.) Poir.	32	73	19.39	A	2.281	0.442

A tabela 55 mostra que 32 espécies têm a classe A de Raunkiaer, seguidas de 11 na classe B, 10 na classe C e 1 nas classes de frequência D e E.

Fig.-II. Espécies arbustivas dominantes.

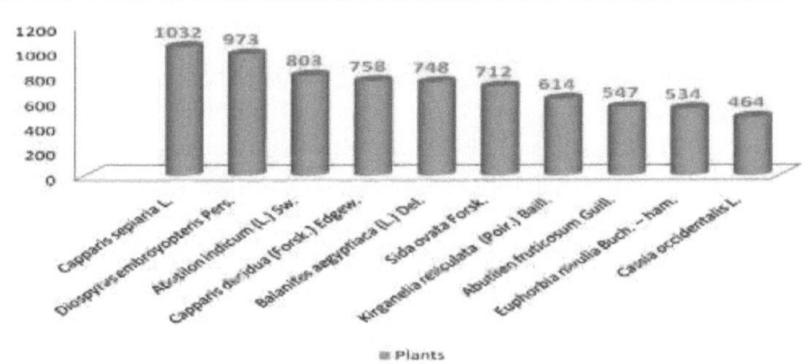

Espécies arbustivas dominantes

Algumas espécies de arbustos são dominantes na área de estudo. Estas estão disponíveis em toda a área florestal.

As espécies arbustivas com as frequências mais elevadas são *Capparis sepiaria* L. (80,61 % de frequência, 6,25 de densidade e 7,82 de abundância), *Capparis decidua* (Forsk.) Edgew. (70,3 % de frequência, 4,59 de densidade e 6,54 de abundância), *Abutilon indicum* Guill (56,36 % de frequência, 4,87 de densidade e 8,64 de abundância), *Sida ovata* Forsk. (52,73 % de frequência, 4,32 de densidade e 8,18 de abundância), e *Kirganelia reticulata* (Poir.) Baill (52,73 % de frequência, 3,72 de densidade e 7,06 de abundância).

Tabela:-20. Análise fitossociológica das espécies (Arbustos dominantes) na área apresentada

NÃO	Nomes de plantas	Disponível em lote	N.º de plantas	Frequência	Abundância	Densidade
1	***Capparis sepiaria*** L.	132	1032	80	7.82	6.25
2	***Diospyrus embroyopteris*** Pers.	56	973	33.94	17.38	5.90
3	***Abutilon indicum*** (L.) Sw.	93	803	56.36	8.64	4.87
4	***Capparis decidua*** (Forsk.) Edgew.	116	758	70.3	6.54	4.59
5	***Balanites aegyptiaca*** (L.) Del.	83	748	50.3	9.01	4.53

5.3.2.1 Espécies arbustivas dominantes na floresta de reserva.

(1) *Capparis sepiaria* L. (Kanther):- É um arbusto espinhoso pertencente à família Capparaceae. Esta espécie é comummente observada em ambas as áreas da nossa zona de estudo. Foram encontradas 1032 plantas em toda a área.

(2) *Diospyrus embryopteris* Pers. (Makrana) É um arbusto espinhoso pertencente à família Abnaceae. Ocorreram 973 plantas com a frequência (33,94 %). É observada em toda a floresta. A sua densidade é de 5,9. Tem a maior abundância 17,38 em espécies arbustivas na área de estudo.

(3) *Abutilon indicum* (L.) Sw. (Kanski):- É um membro da família Malvaceae. Esta planta é muito comum, pois foi registada em 93 parcelas de amostra de cada local da área de estudo durante a avaliação quantitativa. Entre estas, verificou-se que era abundante em Pavthi, Dhori e Serpura.

(4) *Capparis decidua* (Forsk.) Edgew. (Kerdo):- Os frutos são amargos. Depois de amadurecer, o sabor é doce. São úteis em distúrbios cardíacos e condições viciadas de pitta. Os povos tribais fazem espinhos com os seus frutos e também os utilizam medicinalmente. É um arbusto espinhoso, sem folhas, pertencente à família Capparaceae.

(5) *Balanites aegyptoaca* (L.) Del. (Ingoriyo):- É também uma árvore espinhosa, de folha perene. Distribui-se pelas aldeias da cordilheira de Danta. As suas manchas são muito densas em Serpura, Junisedhani e Mumanvas. Por isso, não é frequente na nossa área de estudo.

A polpa dos frutos, as folhas e as sementes são utilizadas pelas tribos. A maior parte das sementes são utilizadas para queimar e para fazer sabão.

5.3.3 Análise fitossociológica das espécies de trepadeiras:

A maioria das espécies trepadeiras cresce durante a monção, após a primeira chuva. As trepadeiras são muito observadas na zona densa da floresta.

49 trepadeiras ocorreram na parcela de amostragem e são anotadas juntamente com a densidade, abundância e frequência na tabela 22. *Ipomoea pes-tigridis* L. tem a maior densidade de 7,28 com 9,76 de abundância e aparece com uma frequência de 74,55%. Representa 13% da composição total das trepadeiras. *Rhynchosia minima* (L.) DC. e *Tinospora cordifolia* (Willd.) Miers são duas outras espécies com uma densidade notável de 6,86 e 6,27, respetivamente. Algumas outras espécies com densidade considerável são *Cocculus hirsutus* (L.) Diels., *Abrus precatorius* L. e todas as outras espécies têm uma densidade inferior a 6.

Das 536 espécies, 72 são trepadeiras. As trepadeiras constituem 8th parte do total das espécies. 49 espécies de trepadeiras foram registadas nas parcelas de amostragem, enquanto as restantes 23 espécies foram encontradas fora das parcelas de amostragem (Quadro 21).

Tabela:-21. Espécies de trepadeiras registadas nas parcelas de amostragem, bem como fora da parcela de amostragem

NÃO	ALPINISTA NO LADO DO AMOSTRA DE TERRENO	NÃO	ALPINISTA DO LADO DE FORA DO AMOSTRA DE TERRENO
1	***Cocculus hirsutus*** (L.) Diels	1	***Cissampelos pareira*** L.
2	***Tinospora cordifolia*** (Willd.) Miers	2	***Cissus quadrangularis*** L.
3	***Ampelocissus latifolia*** (Roxb.) planch.	3	***Pisum sativum*** L.
4	***Cayratia carnosa*** (Lam.) Gagnep.	4	***Vigna aconitifolia*** (Jacq.) Marechai
5	***Cardiospermum halicacabum*** L.	5	***Combretum coccineum*** Lam.
6	***Abrusprecatorius*** L.	6	***Quisqualis indica*** L.
7	***Clitora ternatea*** L.	7	***Passiflora edulis*** Sims.
8	***Dolichos trilobus*** L.	8	***Citrullus lanatus*** (Thunb.) Mats & Nak.
9	***Lablab purpureus*** (L.) Sw.	9	***Cucumis melo*** L. var. agrestis Naud.
10	***Mucuna prurita*** Hk. f.	10	***Cucumis melo*** L. var. Melo.
11	***Rhynchosia minima*** (L.) DC.	11	***Cucumis sativus*** L.
12	***Passiflora foetida*** L.	12	***Cucurbita maxima*** Duch.
13	***Citrullus colocynthis*** (L.) Soland.	13	***Diplocyclospalmatus*** (L.) C. Jeffrey
14	***Coccinia grandis*** (L.) Voigt	14	***Vernonia elaeagnifolia*** L.
15	***Ctenolepis cerasiformis*** (Stocks) Hk.f.	15	***Jasminum grandiflora*** L.
16	***Ctenolepis garcini*** (L.) Cl.	16	***Ipomoea aquatica*** Forsk.
17	***Cucumis callosus*** (Rottl.) Cogn.	17	***Ipomoea batatas*** (L.) Lam.
18	***Cucumis prophetarum*** L.	18	***Ipomoea cairica*** (L.) Sw.
19	***Lagenaria leucantha*** (Roxb.) Ruby.	19	***Ipomoea sinensis*** (Desr.)
20	***Luffa acutangula*** (L.) Roxb Var. acutangula	20	***Quamoclit pinnata*** L.
21	***Luffa acutangula*** (L.) Roxb. Var. amara (Lam.) Cl.	21	***Antigonon leptopus*** Hk. & Am.
22	***Luffa cylindrica*** (L.) M. J. Roem.	22	***Aristolochia indica*** L.
23	***Luffa echinata*** Roxb.	23	***Dioscorea bulbifera*** L.
24	***Momordica balsamina*** L.		
25	***Momordica charantia*** L.		
26	***Momordica dioica*** Roxb.		
27	***Mukia maderaspatana*** (L.) M. Roem.		

28	***Trichosanthes cucumerina*** L.
29	***Dregia volubilis*** (L. f.) Bth.
30	***Leptadenia pyrotechnica*** (Forsk.) Decne.
31	***Leptadenia reticulata*** (Retz.) W.& A.
32	***Pergularia daemia*** (Forsk.) Chiov.
33	***Tylophora indica*** (Burm. f.) Merr.
34	***Cryptostegia grandiflora*** R. Br.
35	***Hemidesmus indicus*** (L.) Schult.
36	Arjgyraa ***nervosa*** Boj.
37	***Ipomoea dichroa*** (R. & S.) Choisy.
38	***Ipomoea eriocarpa*** R.Br.
39	***Ipomoea fistulosa*** Mart, ex Choisy
40	***Ipomoea muricata*** (L.) Jacq.
41	***Ipomoea nil*** (L.) Roth.
42	***Ipomoea pes-tigridis*** L.
43	***Merremia turpethum*** Shah & Bhatt
44	***Rivea hypocrateriformis*** Choisy
45	***Cuscuta chinensis*** Lam.
46	***Cuscuta reflexa*** Roxb.
47	***Basella rubra*** L.
48	***Espargo racemoso*** Willd.
49	***Gloriosa superba*** L.

Tabela:-22. Análise fitossociológica das espécies de trepadeiras na área de estudo

Não.	Espécies vegetais	N.º de amostras Parcela	Plantas	Freq-uncy	Freq classe	Abun dança	Densidade
1	***Cocculus hirsutus*** (L.) Diels	102	952	61.82	D	9.33	5.77
2	***Tinospora cordifolia*** (Willd.) Miers	86	1034	52.12	C	12	6.27
3	***Ampelocissus latifolia*** (Roxb.) planch.	2	5	1.212	A	2.5	0.03
4	***Cayratia carnosa*** (Lam.) Gagnep.	61	371	36.97	B	6.08	2.25
5	***Cardiospermum halicacabum*** L.	49	238	29.7	B	4.86	1.44
6	***Abrusprecatorius*** L.	98	716	59.39	C	7.31	4.34
7	***Clitora ternatea*** L.	47	476	28.48	B	10.1	2.88
8	***Dolichos trilobus*** L.	13	62	7.879	A	4.77	0.38
9	***Lablab purpureus*** (L.) Sw.	23	129	13.94	A	5.61	0.78
10	***Mucuna prurita*** Hk. f.	38	118	23.03	B	3.11	0.72
11	***Rhynchosia minima*** (L.) DC.	119	1132	72.12	D	9.51	6.86
12	***Passiflora foetida*** L.	16	61	9.697	A	3.81	0.37
13	***Citrullus colocynthis*** (L.) Soland.	52	239	31.52	B	4.6	1.45
14	***Coccinia grandis*** (L.) Voigt	58	347	35.15	B	5.98	2.1
15	***Ctenolepis cerasiformis*** (Stocks) Hk.f.	9	20	5.455	A	2.22	0.12
16	***Ctenolepis garcini*** (L.) Cl.	17	28	10.3	A	1.65	0.17
17	***Cucumis callosus*** (Rottl.) Cogn.	51	134	30.91	B	2.63	0.81
18	***Cucumisprophetarum*** L.	7	11	4.242	A	1.57	0.07
19	***Lagenaria leucantha*** (Roxb.) Ruby.	6	22	3.636	A	3.67	0.13
20	***Luffa acutangula*** (L.) Roxb Var. acutangula	23	34	13.94	A	1.48	0.21

21	***Luffa acutangula*** (L.) Roxb. Var. amara (Lam.) Cl.	16	52	9.697	A	3.25	0.32
22	***Luffa cylindrica*** (L.) M. J. Roem.	20	47	12.12	A	2.35	0.28
23	***Luffa echinata*** Roxb.	52	81	31.52	B	1.56	0.49
24	***Momordica balsamina*** L.	19	34	11.52	A	1.79	0.21
25	***Momordica charantia*** L.	47	179	28.48	B	3.81	1.08
26	***Momordica dioica*** Roxb.	67	359	40.61	C	5.36	2.18
27	***Mukia maderaspatana*** (L.) M. Roem.	43	267	26.06	B	6.21	1.62
28	***Trichosanthes cucumerina*** L.	34	158	20.61	B	4.65	0.96
29	***Dregia volubilis*** (L. f.) Bth.	2	2	1.212	A	1	0.01
30	***Leptadenia pyrotechnica*** (Forsk.) Decne.	3	7	1.818	A	0.04	2.33
30	***Leptadenia reticulata*** (Retz.) W.&A.	3	5	1.818	A	1.67	0.03
31	***Pergularia daemia*** (Forsk.) Chiov.	72	641	43.64	C	8.9	3.88
32	***Tylophora indica*** (Burm. f.) Merr.	53	152	32.12	B	2.87	0.92
33	***Cryptostegia grandiflora*** R. Br.	9	17	5.455	A	1.89	0.1
34	***Hemidesmus indicus*** (L.) Schult.	3	7	1.818	A	2.33	0.04
35	***Arygyreia nervosa*** Boj.	3	5	1.818	A	1.67	0.03
36	***Ipomoea dichroa*** (R. & S.) Choisy.	34	68	20.61	A	2	0.41
37	***Ipomoea eriocarpa*** R.Br.	54	126	32.73	B	2.33	0.76
38	***Ipomoea fistulosa*** Mart, ex Choisy	8	12	4.848	A	1.5	0.07
39	***Ipomoea muricata*** (L.) Jacq.	41	81	24.85	B	1.98	0.49
40	***Ipomoea nil*** (L.) Roth.	26	87	15.76	A	3.35	0.53
41	***Ipomoea pes-tigridis*** L.	123	1201	74.55	D	9.76	7.28
42	***Merremia turpethum*** Shah & Bhatt	14	20	8.485	A	1.43	0.12
43	***Rivea hypocrateriformis*** Choisy	62	221	37.58	B	3.56	1.34
44	***Cuscuta chinensis*** Lam.	26	103	15.76	A	3.96	0.62
45	***Cuscuta reflexa*** Roxb.	58	539	35.15	B	9.29	3.27
47	***Basella rubra*** L.	32	122	19.39	C	3.81	0.74
48	***Espargo racemoso*** Willd.	77	950	46.67	c	12.3	5.76
49	***Gloriosa superba*** L.	19	31	11.52	A	1.63	0.19

Tabela-23. Plantas dominantes de trepadeira na área

Não	Espécies vegetais	Frequência	Abundância	Densidade
1	***Ipomoea pes-tigridis*** L.	74.55	9.76	7.28
2	***Rhynchosia minima*** (L.) DC.	72.12	9.51	6.86
3	***Cocculus hirsutus*** (L.) Diels	61.82	9.33	5.77
4	***Abrusprecatorius*** L.	59.39	7.31	4.34
5	***Tinospora cordifolia*** (Willd.) Miers	52.12	12	6.27

Espécies de trepadeiras dominantes na área de estudo.

Algumas espécies trepadeiras são dominantes. Estas espalham-se por toda a área florestal, nomeadamente *Ipomoea pes-tigridis,* L. *Rhynchosia minima* (L.) DC., *Cocculus hirsutus* (L.) Diels, *Abrus precatorius* L., *Tinospora cordifolia* (Willd.) Miers *pergularia demia* (Forsk.) Chiov, *cuscuta reflexa* Roxb., *Clitoria ternatea* L. e *Cayratia carnosa* (Lam.) gagnep, etc.

Fig:12. Distribuição da frequência do Climbrer pela classe de frequência de Raunkier.

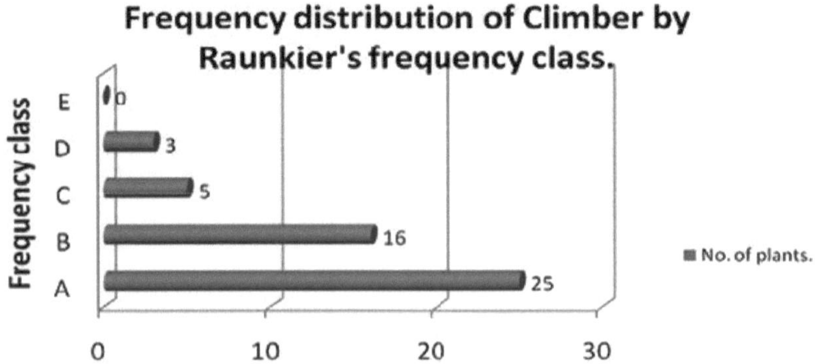

Depois de classificar as espécies de trepadeiras segundo a classe de Raunkier. A classe A tem 25 espécies, a classe B tem 16, a classe C tem 5, a classe D tem 3 mas não tem uma única
espécies na Classe E.

Fig. 13 Distribuição da frequência na área

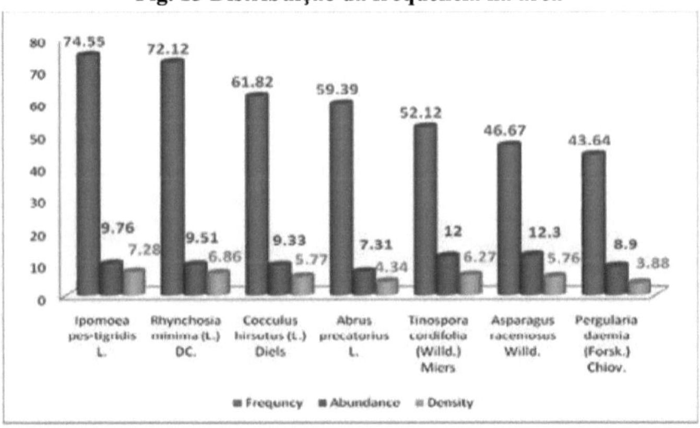

As espécies de Climer com as frequências mais elevadas são *Ipomoea pes- tigridis* L. (74,55 % de frequência, 7,28 de densidade e 9,76 de abundância), *Rhynchosia minima* (L.) DC., (72,12 % de frequência, 6,86 de densidade e 9,51 de abundância), *Cocculus hirsutus* (L.) Diels (61,82 % de frequência, 5,77 de densidade e 9,33 de abundância), *Abrus precatorius* L., (59,39 % de frequência, 4,34 de densidade e 7,31 de abundância), *Tinospora cordifolia* (Willd.) Miers (52,12 % de frequência, 6,27 de densidade e 12 de abundância), *Asparagus racemosus* Willd. (46,67 % de frequência, 5,76 de densidade e 12,3 de abundância), *Pergularia daemia* (Forsk.) Chiov. (43,64 %

de frequência, 3,88 de densidade e 8,9 de abundância), (fig. 13).

(1) ***Ipomoea pes-tigridis*** **L.**:- A planta apresenta a maior frequência 74,55 %, 7,28 de densidade e 9,76 de abundância. É vulgarmente conhecida como wagpadini vel. Pertence à família Convolvulaceae. Aparece por toda a parte na área florestal, mas é sobretudo coberta pelas monções.

(2) ***Rhynchosia minima*** **(L.)** DC., é conhecida como Garnibibri. Faz parte da família Fabaceae. Possui 72,12 % de frequência, 6,86 de densidade e 9,51 de abundância. Pode ser observada em toda a floresta. É uma erva daninha comum nos campos cultivados e ao longo das sebes dos campos. Esta espécie é sobretudo uma forragem para os pastores.

(3) ***Cocculus hirsutus*** **(L.) Diels;**-- É chamada de Vevdi. Pertence à família Manispermaceae. É dominante na nossa região florestal, encontrando-se maioritariamente em cercas de campo e sebes. Tem (61,82 %) de frequência, densidade 5,77 e abundância 9,33. Possui flores dióceas em cachos. Encontra-se em maior número durante a monção e em menor número no inverno.

(4) ***Abrus precatorius*** **L.**: -- Chama-se Chanothi. É uma planta geminada pertencente à família das Fabaceae. Encontra-se maioritariamente em cercas de campo e sebes. A sua densidade é de 4,34, a abundância de 7,31 e a frequência de 59,39 %. Os frutos são avermelhados e arredondados, com um ponto preto na parte superior. As folhas são utilizadas como forragem e os frutos são utilizados na medicina e na pooja da religião hindu. É encontrada durante a monção.

(5) ***Tinospora cordifolia*** **(Willd.) Miers:**- (52,12 % de frequência, 6,27 de densidade e 12 de abundância), é designada por Galo. Pertence à família Menispermaceae. O caule é amargo, mas tem boas propriedades medicinais, como anticancerígeno e utilização noutras doenças relacionadas com o sangue. Consequentemente, esta espécie enfrenta a pressão das tribos, dos animais de pasto e da utilização como alimento.

(6) .4 Análise fitossociológica das espécies herbáceas:

Foi registado um total de 295 espécies de ervas na área de estudo (tabela 24.).

A frequência, a abundância e a densidade são as seguintes

Tabela:-24. Espécies de ervas registadas nas parcelas de amostragem, bem como fora da parcela de amostragem

Não.	ERVA NO LADO DA AMOSTRA LOTE	Não.	ERVA FORA DA AMOSTRA LOTE
1	*Argemone mexicana* L.	1	*Nelumbo nucifera* Gaertn
2	*Cadaba fruticosa* (L.) Druce.	2	*Nymphaea stellata* Willd.
3	*Cleome viscosa* L.	3	*Brassica campestris* L.
4	*Hybanthus enneaspermus* (L.) F. Muell.	4	*Brassica juncea* (L.) Czem. & Coss
5	*Polygala chinensis* L.	5	*Brassica oleracea* L. var. *botrytis* L.
6	*Polycarpea corymbosa* (L.) Lam.	6	*Brassica oleracea* L. var. *capitata* L.
7	*Spergula arvensis* L.	7	*Lepidium sativum* L.
8	*Portulaca oleracea* L.	8	*Raphanus sativus* L.

9	***Portulaca quadrifida*** L.	9	***Raphanus caudatus*** L.
10	***Bergia capensis*** L.	10	***Cleome gynandra*** L.
11	***Hibiscus ovalifolius*** (Forsk.) Vahl	11	***Alhagipseudalhagi*** (M. Bieb.) Desv.
12	***Sida acuta*** Burm. f.	12	***Arachis hypogaea*** L.
13	***Sida cordifolia*** L.	13	***Cicer arietinum*** L.
14	***Corchorus aestuans*** L.	14	***Cyamopsis tetragonoloba*** (L.) Taub.
15	***Corchorus capsularis*** L.	15	***Indigofera oblongifolia*** Forsk.
16	***Corchorus olitorius*** L.	16	***Lathyrus odoratus*** L.
17	***Corchorus tridens*** L.	17	***Medicago sativa*** L.
18	***Tribulus terrestris*** L.	18	***Trigonella foenum-graecum*** L.
19	***Oxalis corniculata*** L.	19	***Vigna mungo*** (L.) Happer
20	***Impatiens balsamina*** L. var. ***coccinia*** Hk. F	20	***Vigna radiata*** (L.) Wilczek var. ***radiata***
21	***Aeschynomene indica*** L.	21	***Vigna unguiculata*** Walp.
22	***Alysicarpus monilifer*** (L.) DC.	22	***Glinus lotoides*** L.
23	***Alysicarpusprocumbens*** (Roxb.) Schindl.	23	***Bryophyllum calycinum*** Salisb.
24	***Crotolaria juncea*** L.	24	***Kalanchoe cylindrica*** DC.
25	***Crotolaria medicaginea*** Lam.	25	***Ammannia baccifera*** L.
26	***Crotolaria retusa*** L.	26	***Trapa natans*** L. var. ***bispinosa*** (Roxb.) Makino
27	***Goniogyna hirta*** (Willd.) Ali.	27	***Carica papaya*** L.
28	***Indigofera cordifolia*** Heyne ex Roth	28	***Centella asiatica*** (L.) Urb.
29	***Indigofera linifolia*** Retz.	29	***Coriandrum sativum*** L.
30	***Indigofera tinctoria*** L.	30	***Cuminum cyminum*** L.
31	***Melilotus indica*** All.	31	***Daucus carota*** L. var. ***saliva*** DC.
32	***Sesbania bispinosa*** (Jacq.) W. F. Wight	32	***Foeniculum vulgare*** Mill.
33	***Tephrosia purpurea*** (L.) Pers.	33	***Pimpinella tomentosa*** Dalz.
34	***Zornia gibbosa*** Span	34	***Trachyspermum ammi*** (L.) Sprague
35	***Cassia pumila*** Lam.	35	***Cichorium intybus*** L.
36	***Cassia tora*** L.	36	***Helianthus annus*** L.
37	***Mimosa pudica*** L.	37	***Catharanthus pusillus*** (Murr.) G. Don
38	***Ammannia multiflora*** Roxb.	38	***Catharanthus roseus*** (L.) G. Don
39	***Ludwigia octovalvis*** subsp. ***sessiliflora*** (Mich.) Raven	39	***Rauvolfia serpentina*** L.
40	***Glinus oppositifolius*** L.	40	***Capsicum annuum*** L.
41	***Mollugo pentaphylla*** L.	41	***Cestrum nocturnum*** L.
42	***Sesuvium portulacastrum*** (L.)	42	***Solanum melongena*** L.
43	***Trianthema portulacastrum*** L.	43	***Solanum tuberosum*** L.
44	***Anethum graveolens*** L.	44	***Bacopa monnieri*** (L.) Pennell.
45	***Borreria articularis*** (L. f.) F. N. Vai.	45	***Kickxia ramosissima*** (Wall.) Janch.
46	***Borreria stricta*** (L. f.) K. Schum.	46	***Lindenbergia muraria*** (Roxb. ex D. Don) P. Bruehl
47	***Oldenlandia corymbosa*** L.	47	***Cistanche tubulosa*** Wt.
48	***Acanthospermum hispidum*** DC.	48	***Asystasia gangetica*** (L.) T. Anders.
49	***Ageratum conyzoides*** L.	49	***Clerodendrum inerme*** (L. f.) Gaertn.
50	***Amberboa ramosa*** (Roxb.) Jaffri	50	***Ocimum basillicum*** L.
51	***Blumea eriantha*** DC.	51	***Plantago ovata*** Forsk.
52	***Blumea mollis*** (Don) Merrill	52	***Plantago psyllium*** L.
53	***Blumea lacera*** (Burm. f.) DC.	53	***Amaranthus hybridus*** L. subsp. ***cruentus*** (L.) Thell.
54	***Caesulia axillaries*** Roxb.	54	***Dendrophthoe falcata*** (L. f.) Etting.
55	***Cyathocline purpurea*** (D. Don)	55	***Croton bonplandianum*** Baill.
56	***Echinops echinatus*** Roxb.	56	***Ceratophyllum demersum*** L.

57	***Eclipta prostrata*** L.	57	***Hydrilla verticillata*** (L. f.) Royle.
58	***Emilia sonchifolia*** (L.) DC.	58	***Vallisneria spiralis*** L.
59	***Gnaphalium indicum*** L.	59	***Musa paradisiaca*** L.
60	***Grangea maderaspatana*** (L.) Poir.	60	***Canna indica*** L.
61	***Laggera alata*** (D. Don) Sch.-Bip	61	***Crinum asiaticum*** L.
62	***Launaeaprocumbens*** (Roxb.) Ram. & Raj.	62	***Pancratium triflorum*** Roxb.
63	***Launaea sarmentosa*** (Willd.) Alst.	63	***Allium cepa*** L.
64	***Parthenium hysterophorus*** L.	64	***Allium sativa*** L.
65	***Sonchus asper*** (L.) Hill.	65	***Aloe barbadense*** Mill.
66	***Sonchus oleraceus*** L.	66	***Urginea indica*** L.
67	***Sphaeranthus indicus*** L.	67	***Eichhornia crassipes*** (Mart.) Solms
68	***Spilanthes calva*** DC.	68	***Lemna gibba*** L.
69	***Tridax procumbens*** L.	69	***Limnophyton obtusifolium*** (L.) Miq.
70	***Vernonia cinerea*** (L.) Less.	70	***Sagittaria sagittifolia*** L.
71	***Vicoa indica*** (L.) DC.	71	***Potamogeton nodosus*** Poir.
72	***Xanthium strumarium*** L.	72	***Eriocaulon eleanorae*** Fyson
73	***Plumbago zeylanica*** L.	73	***Cymbopogon citratus*** (DC.) Stapf
74	***Anagallis arvensis*** L.	74	***Dendrocalamus strictus*** Nees
75	***Conscora diffusa*** R.Br.	75	***Echinochloa frumentacea*** Ligação
76	***Enicostema hyssopifolium*** (Willd.) Verdoon	76	***Eleusine coracana*** (L.) Gaertn.
77	***Coldenia procumbens*** L.	77	***Eragrostis ciliaris*** (L.) R. Br.
78	***Heliotropium indicum*** L.	78	***Hordeum vulgare*** L. Sp.
79	***Heliotropium supinum*** L.	79	***Paspalum scrobiculatum*** L.
80	***Trichodesma indicum*** Roxb.	80	***Setaria tomentosa*** (Roxb.) Kunth
81	***Convolvulus arvensis*** L.	81	***Sorghum bicolor*** (L.) Moench.
82	***Convolvulus microphyllus*** (Roth) Sieb. ex Spr.	82	***Triticum aestivum*** L.
83	***Evolvulus alsinoides*** (L.) L.	83	***Zea mays*** L.
84	***Merremia aegyptia*** (L.) Urb.		
85	***Merremia gangetica*** (L.) Cufod.		
86	***Cestrum diurnum*** L.		
87	***Lycopersicon lycopersicum*** (L.) Karst.		
88	***Nicotiana tabacum*** L.		
89	***Physalis minima*** L.		
90	***Solanum nigrum*** L.		
91	***Solanum surattense*** Burm. f.		
92	***Withania somniferum*** (L.) Dunal		
93	***Lindernia oppositifolia*** (Retz.)		
94	***Lindernia antipoda*** (L.) Alst.		
95	***Peplidium maritimum*** (L. f.) Wetstt.		
96	***Striga asiatica*** L.		
97	***Striga angustifolia*** (D. Don) Saldhana		
98	***Verbascum chinense*** (L.) Sant.		
99	***Orobanche aegyptiaca*** Pers.		
100	***Pedalium murex*** L.		

101 ***Sesamum indicumL.***

102	***Sesamum orientale*** L.
103	***Martynia annua*** L.
104	***Adhatoda vasica*** (L.) Nees
105	***Andrographis echioides*** (L.) Nees
106	***Andrographis paniculata*** Parede

107	***Barleria prionitis*** L.
108	***Blepharis maderaspatensis*** (L.) Roth.
109	***Blepharis repens.*** (Vahl) Roth
110	***Dipteracanthus patulus*** (Jacq.) Nees.
111	***Elytraria acaulis*** (L. f.) Lindau.
112	***Haplanthus verticillatus*** (Roxb.) Nees
113	***Hygrophila auriculata*** (Schum.) Heine
114	***Hygrophila serpyllum*** (Nees) T. Anders.
115	***Justicia diffusa*** Willd.
116	***Justicia procumbens*** L.
117	***Justicia simplex*** D. Don, Prodr.
118	***Lepidagathis cristata*** Willd.
119	***Lepidagathis trinervis*** Wall.
120	***Peristrophe bicalyculata*** (Retz.) Nees.
121	***Rueilia tuberosa*** L.
122	***Phyla nodiflora*** (L.) Greene
123	***Anisomeles indica*** (L.) 0. Ktze.
124	***Leucas aspera*** (Willd.) Spr.
125	***Leucas cephalotes*** (Roxb. ex Roth) Spr.
126	***Leucas urticaefolia*** R.Br.
127	***Mentha spicata*** L.
128	***Ocimum canum*** Sims.
129	***Ocimum gratissimum*** L.
130	***Ocimum sanctum*** L.
131	***Boerhavia diffusa*** L.
132	***Boerhavia verticillata*** Poir.
133	***Achyranthes aspera*** L. var. ***aspera***
134	***Achyranthes aspera*** L. var. ***porphyristachya*** Hk. f.
135	***Aerva javanica*** (Burm. f.) Juss.
136	***Aerva lanata*** (L.) Juss.
137	***Alternanthera pungens*** H. B & K.
138	***Alternanthera sessilis*** (L.) DC.
139	***Amaranthus lividus*** L.
140	***Amaranthus spinosus*** L.
141	***Amaranthus viridis*** L.
142	***Celosia argentea*** L.
143	***Digera muricata*** (L.) Mart.
144	***Gomphrena celosioides*** Mart.
145	***Gomphrena globosa*** L.
146	***Nothosaerva brachiata*** (L.) wt.
147	***Pupalia lappacea*** (L.) Juss.
148	***Chenopodium album*** L.
149	***Chenopodium murale*** L.
150	***Polygonum plebeium*** R. Br.
151	***Acalypha indica*** L.
152	***Chrozophora prostrata*** Dalz.
153	***Chrozophora rottleri*** (Geis.) Juss.

154	***Euphorbia heterophylla*** L.
155	***Euphorbia hirta*** L.
156	***Euphorbiaparviflora*** L.
157	***Euphorbia pulcherrima*** Willd.
158	***Phyllanthus fraternus*** Webst.
159 ***Cannabis sativaL.***	
160	***Agave americana*** L.
161	***Curcuma inodora*** Blatter
162	***Asphodelus tenuifolius*** Cav.
163	***Chlorophytum borivilianum*** Sant. & Fernand.
164	***Chlorophytum tuberosum*** (Roxb.) Padeiro
165	***Commelina benghalensis*** L.
166	***Commelina diffusa*** Burm. f.
167	***Commelina erecta*** L.
168	***Commelina paludosa*** Bl.
169	***Cyanotis cristata*** (L.) Schult, f.
170	***Typha angustata*** Bory & Chaub
171	***Amorphophallus commutatus*** (Roxb.) Bl.
172	***Bulbostylis barbata*** (Rottb.) Cl.
173	***Cyperus articulatus*** L.
174	***Cyperus compressus*** L.
175	***Cyperus difformis*** L.
176	***Cyperus exaltatus*** Retz. var. ***exaltatus***
177	***Cyperus haspan*** L.
178	***Cyperus iria*** L. var. ***paniciformis*** (Franch et Sav.) Cl.
179	***Cyperus nutans*** Vahl var. ***eleusinoides*** (Kunth) Haines
180	***Cyperus rotundus*** L.
181	***Cyperus stoloniferus*** Retz.
182	***Kyllinga triceps*** Rottb.
183	***Scirpus articulatus*** L.
184	***Scirpus kyllingioides*** Boeck.
185	***Scirpus triangulatus*** Roxb.
186	***Andropogon pumilus*** (Burm. f.) Roxb.
187	***Apluda mutica*** L.
188 ***Aristida funiculata*** Trin. & Rupr.	
189	***Aristida redacta*** Stapf
190	***Arundinella metzii*** Hochst. ex Miq.
191	***Bothriochloa glabra*** (Roxb.) A. camus
192	***Bothriochloa pertusa*** (L.) A. Camus
193	***Cenchrus biflorus*** Roxb.
194	***Cenchrus ciliaris*** L.
195	***Cenchrus pennisetiformis*** Hochst. & Steud.
196	***Cenchrus setigerus.*** Vahl
197	***Chloris barbata*** Sw.
198	***Chloris virgata*** Sw.
199	***Cynodon dactylon*** (L.) Pers.
200	***Desmostachya bipinnata.*** (L.) Stapf

201	***Digitaria adscendens*** (H.B. & K.) Henr.
202	***Digitaria biformis*** Willd.
203	***Echinochloa colonum*** (L.) Link
204	***Eragrostispilosa*** (Thunb.) Trin.
205	***Paspalidium flavidum*** (Retz.) A Camus
206	***Pennisetum typhoides*** (Burm. f.) Stapf & Hubb.
207	***Setaria glauca*** (L.) P. Beauv.
208	***Setaria italica*** (L.) P. Beauv.
209	***Sorghum halepense*** (L.) Pers.
210	***Sporobolus coromandelianus*** (Retz.) Kunth
211	***Sporobolus fertilis*** (Steud.) Clayton
212	***Sporobolus maderaspatenus*** Bor

Tabela:-25. Análise fitossociológica das espécies herbáceas

Não.	Espécies vegetais	Não. Lote	Plantas	Freq-uncy	Classe de frequência	Abun dança	Densidade
1	***Argemone mexicana*** L.	29	142	17.58	A	4.897	0.86
2	***Cadaba fruticosa*** (L.) Druce.	18	40	10.91	A	2.222	0.24
3	***Cleome viscosa*** L.	42	83	25.45	B	1.976	0.5
4	***Hybanthus enneaspermus*** (L.) F. Muell.	9	34	5.455	A	3.778	0.21
5	***Polygala chinensis*** L.	24	54	14.55	A	2.25	0.33
6	***Polycarpea corymbosa*** (L.) Lam.	23	38	13.94	A	1.652	0.23
7	***Spergula arvensis*** L.	11	29	6.667	A	2.636	0.18
8	***Portulaca oleracea*** L.	7	23	4.242	A	3.286	0.14
9	***Portulaca quadrifida*** L.	28	72	16.97	A	2.571	0.44
10	***Bergia capensis*** L.	43	102	26.06	B	2.372	0.62
11	***Hibiscus ovalifolius*** (Forsk.) Vahl	6	19	3.636	A	3.167	0.12
12	***Sida acuta*** Burm. f.	52	131	31.52	B	2.519	0.79
13	***Sida cordifolia*** L.	68	94	41.21	C	1.382	0.57
14	***Corchorus aestuans*** L.	19	71	11.52	A	3.737	0.43
15	***Corchorus capsularis*** L.	48	120	29.09	B	2.5	0.73
16	***Corchorus olitorius*** L.	24	63	14.55	B	2.625	0.38
17	***Corchorus tridens*** L.	9	17	5.455	A	1.889	0.1
18	***Tribulus terrestris*** L.	57	137	34.55	B	2.404	0.83
19	***Oxalis corniculata*** L.	8	25	4.848	A	3.125	0.15
20	***Impatiens balsamina*** L. var. ***Coccinia*** Hk. F	14	37	8.485	A	2.643	0.22
21	***Aeschynomene indica*** L.	7	25	4.242	A	3.571	0.15
22	***Alysicarpus monilifer*** (L.) DC.	28	73	16.97	A	2.607	0.44
23	***Alysicarpusprocumbens*** (Roxb.) Schindl.	14	21	8.485	A	1.5	0.13
24	***Crotolaria juncea*** L.	7	13	4.242	A	1.857	0.08
25	***Crotolaria medicaginea*** Lam.	43	76	26.06	B	1.767	0.46
26	***Crotolaria retusa*** L.	33	78	20	A	2.364	0.47
27	***Goniogyna hirta*** (Willd.) Ali.	88	239	53.33	C	2.716	1.45
28	***Indigofera cordifolia*** Heyne ex Roth	123	726	74.55	D	5.902	4.4
29	***Indigofera linifolia*** Retz.	112	926	67.88	D	8.268	5.61
30	***Indigofera tinctoria*** L.	76	530	46.06	C	6.974	3.21
31	***Melilotus indica*** All.	51	249	30.91	B	4.882	1.51
32	***Sesbania bispinosa*** (Jacq.) W. F. Wight	11	214	6.667	A	19.45	1.3

33	***Tephrosia purpurea*** (L.) Pers.	73	638	44.24	C	8.74	3.87
34	***Zornia gibbosa*** Span	5	17	3.03	A	3.4	0.1
35	***Cassiapumila*** Lam.	49	110	29.7	B	2.245	0.67
36	***Cassia tora*** L.	116	462	70.3	D	3.983	2.8
37	***Mimosa pudica*** L.	7	23	4.242	A	3.286	0.09
38	***Ammannia multiflora*** Roxb.	26	54	15.76	A	2.077	0.33
39	***Ludwigia octovalvis*** subsp. ***sessiliflora*** (Mich.) Raven	12	27	7.273	A	2.25	0.16
40	***Glinus oppositifolius*** L.	47	208	28.48	B	4.426	1.26
41	***Mollugo pentaphylla*** L.	74	387	44.85	C	5.23	2.35
42	***Sesuviumportulacastrum*** (L.) L.	29	63	17.58	A	2.172	0.38
43	***Trianthema portulacastrum*** L.	83	106	50.3	C	1.277	0.64
44	***Anethum graveolens*** L.	6	17	3.636	A	2.833	0.1
45	***Borreria articularis*** (L.f.) F. N. Vai.	9	47	5.455	A	5.222	0.28
46	***Borreria stricta*** (L.f.) K. Schum.	57	138	34.55	B	2.421	0.84
47	***Oldenlandia corymbosa*** L.	23	52	13.94	A	2.261	0.32
48	***Acanthospermum hispidum*** DC.	31	46	18.79	A	1.484	0.28
49	***Ageratum conyzoides*** L.	29	71	17.58	A	2.448	0.43
50	***Amberboa ramosa*** (Roxb.) Jafri	42	134	25.45	B	3.19	0.81
51	***Blumea eriantha*** DC.	31	53	18.79	A	1.71	0.32
52	***Blumea mollis*** (Don) Merrill	24	64	14.55	A	2.667	0.39
53	***Blumea lacera*** (Burm. f.) DC.	52	142	31.52	B	2.731	0.86
54	***Caesulia axillaries*** Roxb.	41	110	24.85	B	2.683	0.67
55	***Cyathoclinepurpurea*** (D. Don)	7	23	4.242	A	3.286	0.14
56	***Echinops echinatus*** Roxb.	23	69	13.94	A	3	0.42
57	***Eclipta prostrata*** L.	76	223	46.06	C	2.934	1.35
58	***Emilia sonchifolia*** (L.) DC.	45	363	27.27	A	8.067	2.2
59	***Gnaphalium indicum*** L.	20	68	12.12	A	3.4	0.41
60	***Grangea maderaspatana*** (L.) Poir.	104	410	63.03	C	3.942	2.48
61	***Laggera alata*** (D. Don) Sch.-Bip	7	39	4.242	A	5.571	0.24
62	***Launaeaprocumbens*** (Roxb.) Ram. & Raj.	98	296	59.39	C	3.02	1.79
63	***Launaea sarmentosa*** (Willd.) Alst.	42	74	25.45	B	1.762	0.45
64	***Parthenium hysterophorus*** L.	23	108	13.94	A	4.696	0.65
65	***Sonchus asper*** (L.) Hill.	27	102	16.36	A	3.778	0.62
66	***Sonchus oleraceus*** L.	43	137	26.06	B	3.186	0.83
67	***Sphaeranthus indicus*** L.	22	67	13.33	A	3.045	0.41
68	***Spilanthes calva*** DC.	28	93	16.97	A	3.321	0.56
69	***Tridax procumbens*** L.	84	158	50.91	C	1.881	0.96
70	***Vernonia cinerea*** (L.) Less.	73	143	44.24	C	1.959	0.87
71	***Vicoa indica*** (L.) DC.	20	67	12.12	A	3.35	0.41
72	***Xanthium strumarium*** L.	58	211	35.15	B	3.638	1.28
73	***Plumbago zeylanica*** L.	34	81	20.61	B	2.382	0.49
74	***Anagallis arvensis*** L	21	74	12.73	A	3.524	0.45
75	***Conscora diffusa*** R.Br.	28	61	16.97	A	2.179	0.37
76	***Enicostema hyssopifolium*** (Willd.) Verdoon	36	114	21.82	B	3.167	0.69
77	***Coldenia procumbens*** L.	8	103	4.848	A	12.88	0.62
78	***Heliotropium indicum*** L.	27	63	16.36	A	2.333	0.38
79	***Heliotropium supinum*** L.	21	87	12.73	A	4.143	0.53
80	***Trichodesma indicum*** Roxb.	67	122	40.61	C	1.821	0.74
81	***Convolvulus arvensis*** L.	35	97	21.21	B	2.771	0.59

82	***Convolvulus microphyllus*** (Roth) Sieb. ex Spr.	28	54	16.97	A	1.929	0.33
83	***Evolvulus alsinoides*** (L.) L.	83	256	50.3	C	3.084	1.55
84	***Merremia aegyptia*** (L.) Urb.	14	47	8.485	A	3.357	0.28
85	***Merremia gangetica*** (L.) Cufod.	11	13	6.667	A	1.182	0.08
86	***Cestrum diurnum*** L.	8	11	4.848	A	1.375	0.07
87	***Lycopersicon lycopersicum*** (L.) Karst.	9	23	5.455	A	2.556	0.14
88	***Nicotiana tabacum*** L.	5	12	3.03	A	2.4	0.04
89	***Physalis minima*** L.	71	95	43.03	C	1.338	0.58
90	***Solanum nigrum*** L.	27	81	16.36	B	3	0.49
91	***Solanum surattense*** Burm. f.	54	98	32.73	c	1.815	0.59
92	***Withania somniferum*** (L.) Dunal	25	37	15.15	A	1.48	0.22
93	***Lindernia oppositifolia*** (Retz.)	12	41	7.273	A	3.417	0.25
94	***Lindernia antipoda*** (L.) Alst.	31	68	18.79	A	2.194	0.41
95	***Peplidium maritimum*** (L. f.) Wetstt.	6	22	3.636	A	3.667	0.09
96	***Striga angustifolia*** (D. Don) Saldhana	11	49	6.667	A	4.455	0.3
97	***Striga asiatica*** L.	15	34	9.091	A	2.267	0.21
98	***Verbascum chinense*** (L.) Sant.	4	8	2.424	A	2	0.0485
99	***Orobanche aegyptiaca*** Pers.	5	13	3.03	A	2.6	0.03
100	***Pedalium murex*** L.	43	67	26.06	B	1.558	0.41
101	***Sesamum indicum*** L.	17	43	10.3	A	2.529	0.26
102	***Sesamum orientate*** L.	3	13	1.818	A	4.333	0.08
103	***Martynia annua*** L.	27	120	16.36	A	4.444	0.73
104	***Adhatoda vasica*** (L.) Nees	18	27	10.91	A	1.5	0.16
105	***Andrographis echioides*** (L.) Nees	9	11	5.455	A	1.222	0.07
106	***Andrographis paniculata*** Parede	11	25	6.667	A	2.273	0.15
107	***Barleria prionitis*** L.	18	67	10.91	A	3.722	0.41
108	***Blepharis maderaspatensis*** (L.) Roth.	8	21	4.848	A	2.625	0.13
109	***Blepharis repens.*** (Vahl) Roth	16	33	9.697	A	2.063	0.2
110	***Dipteracanthus patulus*** (Jacq.) Nees.	6	14	3.636	A	2.333	0.08
111	***Elytraria acaulis*** (L. f.) Lindau.	9	26	5.455	A	2.889	0.16
112	***Haplanthus verticillatus*** (Roxb.) Nees	18	41	10.91	A	2.278	0.25
113	***Hygrophila auriculata*** (Schum.) Heine	43	83	26.06	B	1.93	0.5
114	***Hygrophila serpyllum*** (Nees) T. Anders.	7	23	4.242	A	3.286	0.14
115	***Justicia diffusa*** Willd.	24	62	14.55	A	2.583	0.38
116	***Justicia procumbens*** L.	91	216	55.15	C	2.374	1.31
117	***Justicia simplex*** D. Don, Prodr.	21	57	12.73	A	2.714	0.35
118	***Lepidagathis cristata*** Willd.	4	7	2.424	A	1.75	0.04
119	***Lepidagathis trinervis*** Wall.	26	54	15.76	A	2.077	0.33
120	***Peristrophe bicalyculata*** (Retz.) Nees.	77	109	46.67	C	1.416	0.66
121	***Rueilia tuberosa*** L.	28	54	16.97	A	1.929	0.33
122	***Phyla nodiflora*** (L.) Greene	54	123	32.73	B	2.278	0.75
123	***Anisomeles indica*** (L.) O. Ktze.	52	238	31.52	A	4.577	1.44
124	***Leucas aspera*** (Willd.) Spr.	43	154	26.06	B	3.581	0.93
125	***Leucas cephalotes*** (Roxb. ex Roth) Spr.	59	228	35.76	B	3.864	1.38
126	***Leucas urticaefolia*** R.Br.	7	16	4.242	A	2.286	0.1
127	***Mentha spicata*** L.	6	27	3.636	A	4.5	0.16

128	***Ocimum canum*** Sims.	82	147	49.7	C	1.793	0.89	
129	***Ocimum gratissimum*** L.	107	359	64.85	D	3.355	2.18	
130	***Ocimum sanctum*** L.	37	118	22.42	B	3.189	0.72	
131	***Boerhavia diffusa*** L.	55	126	33.33	B	2.291	0.76	
132	***Boerhavia repanda*** Willd.	14	41	8.485	A	2.929	0.25	
133	***Achyranthes aspera*** L. var. ***aspera***	138	758	83.64	E	5.493	4.59	
134	***Achyranthes aspera*** L. var. ***porphyristachya*** Hk. f.	72	241	43.64	C	3.347	1.46	
135	***Aerva javanica*** (Burm. f.) Juss.	23	119	13.94	A	5.174	0.72	
136	***Aerva lanata*** (L.) Juss.	38	135	23.03	A	3.553	0.82	
137	***Alternanthera pungens*** H. B & K.	17	59	10.3	A	3.471	0.36	
138	***Alternanthera sessilis*** (L.) DC.	124	563	75.15	D	4.54	3.41	
139	***Amaranthus lividus*** L.	43	178	26.06	B	4.14	1.08	
140	***Amaranthus spinosus*** L.	75	201	45.45	C	2.68	1.22	
141	***Amaranthus viridis*** L.	33	187	20	A	5.667	1.13	
142	***Celosia argentea*** L.	43	74	26.06	B	1.721	0.45	
143	***Digera muricata*** (L.) Mart.	36	94	21.82	B	2.611	0.57	
144	***Gomphrena celosioides*** Mart.	69	192	41.82	C	2.783	1.16	
145	***Gomphrena globosa*** L.	53	114	32.12	B	2.151	0.69	
146	***Nothosaerva brachiata*** (L.) wt.	21	48	12.73	A	2.286	0.29	
147	***Pupalia lappacea*** (L.) Juss.	90	236	54.55	C	2.622	1.43	
148	***Chenopodium album*** L.	71	154	43.03	c	2.169	0.93	
149	***Chenopodium murale*** L.	29	64	17.58	A	2.207	0.39	
150	***Polygonum plebeium*** R. Br.	33	106	20	A	3.212	0.64	
151	***Acalypha indica*** L.	81	248	49.09	C	3.062		1.5
152	***Chrozophora prostrata*** Dalz.	5	34	3.03	A	6.8	0.21	
153	***Chrozophora rottleri*** (Geis.) Juss.	4	25	2.424	A	6.25	0.15	
154	***Euphorbia heterophylla*** L.	72	246	43.64	C	3.417	1.49	
155	***Euphorbia hirta*** L.	86	347	52.12	C	4.035	2.1	
156	***Euphorbiaparviflora*** L.	37	52	22.42	B	1.405	0.32	
157	***Euphorbia pulcherrima*** Willd.	7	23	4.242	A	3.286	0.14	
158	***Phyllanthus fraternus*** Webst.	106	587	64.24	D	5.538	3.56	
159	***Cannabis sativa*** L.	3	8	1.818	A	2.667	0.05	
160	***Agave americana*** L.	9	31	5.455	A	3.444	0.19	
161	***Curcuma inodora*** Blatter	5	9	3.03	A	1.8	0.03	
162	***Asphodelus tenuifolius*** Cav.	8	34	4.848	A	4.25	0.21	
163	***Chlorophytum borivilianum*** Sant. & Fernand.	4	7	2.424	A	1.75	0.04	
164	***Chlorophytum tuberosum*** (Roxb.) Baker	5	12	3.03	A	2.4	0.03	
165	***Commelina benghalensis*** L.	81	164	49.09	C	2.025	0.99	
166	***Commelina diffusa*** Burm. f.	62	107	37.58	B	1.726	0.65	
167	***Commelina erecta*** L.	53	124	32.12	B	2.34	0.75	
168	***Commelina paludosa*** Bl.	24	81	14.55	A	3.375	0.49	
169	***Cyanotis cristata*** (L.) Schult, f.	27	45	16.36	A	1.667	0.27	
170	***Typha angustata*** Bory & Chaub	4	67	2.424	A	16.75	0.41	
171	***Amorphophallus commutatus*** (Roxb.) Bl.	3	11	1.818	A	3.667	0.07	
172	***Bulbostylis barbata*** (Rottb.) Cl.	28	167	16.97	A	5.964	1.01	
173	***Cyperus articulatus*** L.	58	1604	35.15	B	27.66	9.72	
174	***Cyperus compressus*** L.	41	654	24.85	B	15.95	3.96	

175	***Cyperus difformis*** L.	84	691	50.91	c	8.226	4.19
176	***Cyperus exaltatus*** Retz. var. ***exaltatus***	34	194	20.61	B	5.706	1.18
177	***Cyperus haspan*** L.	59	423	35.76	c	7.169	2.56
178	***Cyperus iria*** L. var. ***paniciformis*** (Franch et Sav.) Cl.	29	168	17.58	A	5.793	1.02
179	***Cyperus nutans*** Vahl var. ***eleusinoides*** (Kunth) Haines	47	349	28.48	B	7.426	2.12
180	***Cyperus rotundus*** L.	112	1735	67.88	D	15.49	10.5
181	***Cyperus stoloniferus*** Retz.	52	358	31.52	B	6.885	2.17
182	***Kyllinga triceps*** Rottb.	44	698	26.67	B	15.86	4.23
183	***Scirpus articulatus*** L.	42	532	25.45	B	12.67	3.22
184	***Scirpus kyllingioides*** Boeck.	83	1324	50.3	C	15.95	8.02
185	***Scirpus triangulatus*** Roxb.	71	648	43.03	C	9.127	3.93
186	***Andropogon pumilus*** (Burm. f.) Roxb.	22	312	13.33	A	14.18	1.89
187	***Apluda mutica*** L.	80	945	48.48	C	11.81	5.73
188	***Aristida funiculata*** Trin. & Rupr.	77	829	46.67	C	10.77	5.02
189	***Aristida redacta*** Stapf	43	341	26.06	B	7.93	2.07
190	***Arundinella metzii*** Hochst. ex Miq.	25	64	15.15	A	2.56	0.39
191	***Bothriochloa glabra*** (Roxb.) A. camus	48	341	29.09	B	7.104	2.07
192	***Bothriochloa pertusa*** (L.) A. Camus	39	267	23.64	B	6.846	1.62
193	***Cenchrus biflorus*** Roxb.	37	102	22.42	B	2.757	0.62
194	***Cenchrus ciliaris*** L.	72	196	43.64	c	2.722	1.19
195	***Cenchrus pennisetiformis*** Hochst. & Steud.	12	23	7.273	A	1.917	0.14
196	***Cenchrus setigerus.*** Vahl	43	643	26.06	B	14.95	3.9
197	***Chloris barbata*** Sw.	77	873	46.67	c	11.34	5.29
198	***Chloris virgata*** Sw.	43	561	26.06	B	13.05	3.4
199	***Cynodon dactylon*** (L.) Pers.	134	3310	81.21	E	24.7	20.1
200	***Desmostachya bipinnata.*** (L.) Stapf	36	152	21.82	B	4.222	0.92
201	***Digitaria adscendens*** (H.B. & K.) Henr.	42	238	25.45	B	5.667	1.44
202	***Digitaria biformis*** Willd.	11	43	6.667	A	3.909	0.26
203	***Echinochloa colonum*** (L.) Link	49	199	29.7	B	4.061	1.21
204	***Eragrostispilosa*** (Thunb.) Trin.	31	94	18.79	A	3.032	0.57
205	***Paspalidium flavidum*** (Retz.) A Camus	28	147	16.97	A	5.25	0.89
206	***Pennisetum typhoides*** (Burm. f.) Stapf & Hubb.	9	25	5.455	A	2.778	0.15
207	***Setaria glauca*** (L.) P. Beauv.	83	987	50.3	C	11.89	5.98
208	***Setaria italica*** (L.) P. Beauv.	71	547	43.03	C	7.704	3.32
209	***Sorghum halepense*** (L.) Pers.	4	20	2.424	A	5	0.12
210	***Sporobolus coromandelianus*** (Retz.) Kunth	7	45	4.242	A	6.429	0.27
211	***Sporobolus fert'dis*** (Steud.) Clayton	16	69	9.697	A	4.313	0.42
212	***Sporobolus maderaspatensis*** Bor	14	85	8.485	A	6.071	0.52

Fig.:-14. Distribuição das espécies de ervas segundo o sistema de classificação de Raunkier.

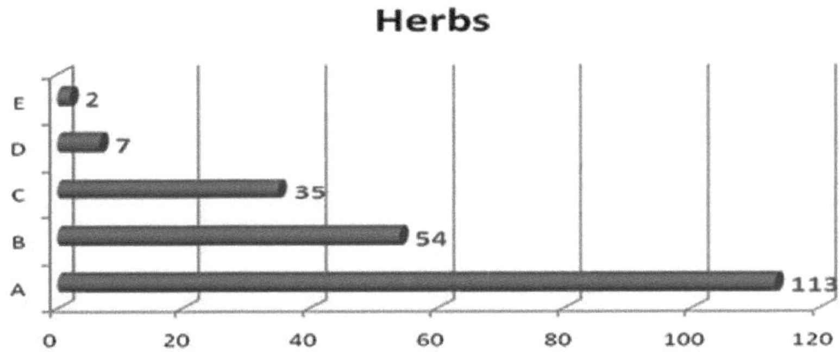

A figura mostra que 2 espécies têm a classe de frequência E de Raunkier, bem como as classes D, C, B, A de Raunkier, com 7, 35, 54 e 113 espécies, respetivamente. Os resultados indicam que a vegetação é heterogénea nesta área.

As ervas com maior frequência são *Achyranthes aspera* L. var. *aspera* (83,64 % de frequência, 4,59 de densidade e 5,49 de abundância), *Cynodon dactylon* (L.) Pers. (81,21 % de frequência, 20,1 de densidade e 24,7 de abundância), *Alternanthera sessilis* (L.) DC. (75,15 % de frequência, 4,54 de densidade e 3,41 de abundância), *Indigofera cordifolia* Heyne ex Roth. (74,55 % de frequência, 4,4 de densidade e 5,9 de abundância), *Cassia tora* L. (70,3 % de frequência, 2,8 de densidade e 3,98 de abundância), *Indigofera linifola* Retz. (67,88 % de frequência, 5,61 de densidade e 8,27 de abundância), e *Cyperus rotundas* L. (67,88 % de frequência, 10,5 de densidade e 15,5 de abundância).

Fig.:-13. Frequência, abundância e densidade das espécies herbáceas dominantes.

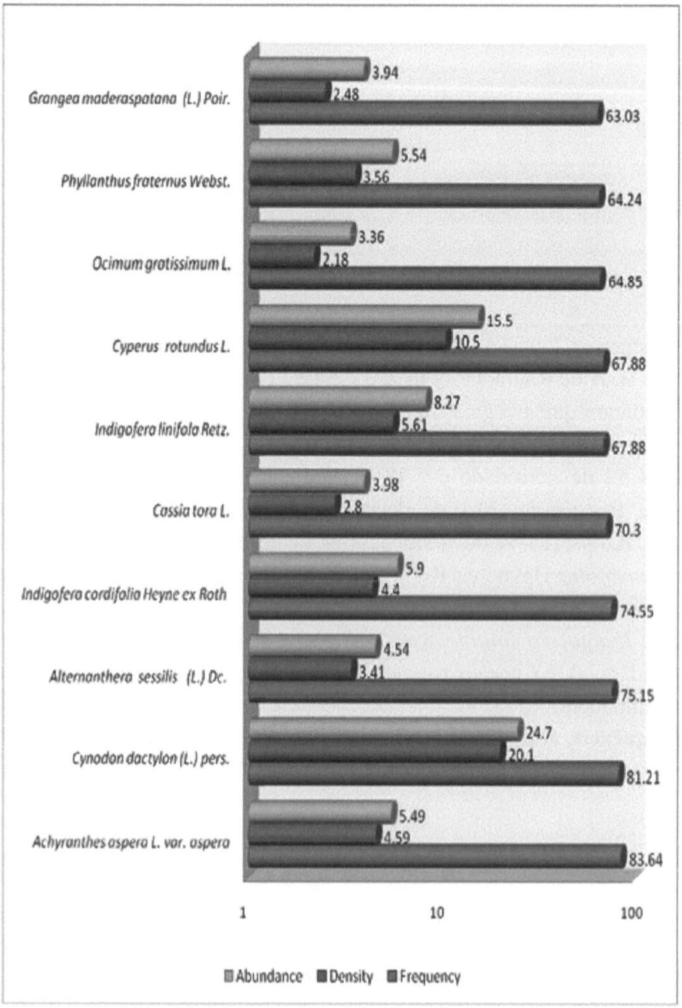

Muitas espécies de ervas viz. *Impatiens balsamina* var. *Coccinia, Alysicarpus procumbens* (Roxb.) Schindl., *Boerhavia repanda* Willd., *Sporobolus maderaspatensis* Bor, *Spergula arvensis* L., *Sesbania bispinosa* (Jacq.) W. F. Wight, *Striga angustifolia* (D. Don) Saldhana, *Andrographis paniculata* Wall, *Corchorus tridens* L., *Oxalis corniculata* L., *Crotolaria juncea* L., *Lepidagathis cristata* Willd., *Chlorophytum borivilianum* Sant. & Fernand., *Cannabis sativa* L., *Chlorophytum tuberosum* (Roxb.) Baker, *Amorphophallus commutatus* (Roxb.) Bl, *Verbascum chinense* (L.) sant., *Orobanche aegyptiaca* Pers. e *Eriocaulon eleanorae* Fyson mostram uma frequência inferior a 10 %, com baixa abundância e densidade.

A flora do solo é constituída principalmente por plantas anuais. Regeneram-se com o início da monção e formam uma cobertura espessa durante o pico da estação das chuvas. As tintas sazonais começam a desaparecer do solo após a estação das chuvas e a maior parte delas seca durante o inverno. Algumas plantas desaparecem no espaço de um mês, enquanto outras vivem até novembro - janeiro.

As espécies herbáceas dominantes pertencem maioritariamente às famílias Asteraceae, Acanthaceae, Solanaceae, Amaranthaceae, Boraginaceae, Cyperaceae, Euphorbiaceae, Fabaceae. Poaceae, Lamiaceae, Liliaceae, Rubiaceae e Tiliaceae, etc.

As várias espécies de ervas são observadas em várias estações. Algumas espécies de ervas completam o seu ciclo de vida num curto período de tempo.

Espécies dominantes da área de estudo.

Algumas espécies de ervas são dominantes na área de estudo e estão disponíveis em toda a área.

Tabela:-26. Espécies de ervas dominantes

NÃO	Espécies vegetais	Frequência	Densidade	Abundância
1	*Achyranthes aspera* L. var. *aspera*	83.64	4.59	5.49
2	*Cynodon dactylon* (L.) Pers.	81.21	20.1	24.7
3	*Alternanthera sessilis* (L.) DC.	75.15	3.14	4.54
4	*Indigofera cordifolia* Heyne ex Roth	74.55	4.4	5.9
5	*Cassia tora* L.	70.3	2.8	3.98
6	*Cyperus rotundus* L.	67.88	10.5	15.49
7	*Indigofera linifolia* Retz.	67.88	5.61	8.27
8	*Scirpus kyllingioides* Boeck.	50.3	8.02	15.95

5.3.4.1. Espécies herbáceas dominantes na floresta da reserva.

(1) ***Achyranthes aspera*** **L.** var. ***aspera*** É comum ao longo das bermas das estradas, florestas planas e terrenos baldios. É observada em toda a floresta. Tem uma frequência de 83,64 %, uma abundância de 5,49 e uma densidade de 4,59. A sua propagação é rápida através de animais de pasto como cabras e ovelhas, etc. Pertence à família Amaranthaceae.

(2) ***Cynodon dactylon*** **(L.) Pers. Syn.:-** Pertence à família Poaceae. Esta erva é vulgarmente conhecida como Durva ou Dharo. O seu crescimento é rápido. Possui uma frequência de 81,21 %, uma abundância de 24,7 e uma densidade de 20,1. Pertence à família Poaceae. É uma erva prostrada e comum em terrenos abertos. Os povos tribais utilizam-na como forragem e também a utilizam em poojas de deuses e deusas.

(3) ***Cyperus rotundus*** **L.: -** Pertence à família das Cypreceae. É vulgarmente conhecida por Chiyo. Observa-se em zonas lodosas (zonas húmidas) e ribeirinhas. A sua frequência é de 67,88 %, a abundância de 15,49 e a densidade de 10,5. As tribos utilizam a decocção do seu tubérculo com solt para tratar a febre.

(4) ***Indigofera linifola*** **(L.F) Retz:-** É uma erva prostrada e comum com gramíneas e terrenos abertos. É um membro de Fabaceae. A sua frequência é de 67,88 %, a abundância de 5,61 e a densidade de 8,28.

(5) ***Scirpus kyllingioides*** **Boeck: -** É um membro das Cypreceae. É conhecida como Chiyo. É observada em zonas húmidas e ribeirinhas em todas as estações. A sua frequência é de 50,3 %, a abundância de 15,95 e a densidade de 8,02. As tribos utilizam esta planta como forragem.

5,4 GBH da espécie arbórea.

Um total de 17799 árvores foram enumeradas para GBH em 165 parcelas de amostragem. O GBH mediu apenas 10 cm ou mais. O total de árvores enumeradas para GBH, tais como 3206 árvores de *Acacia nilotica* (L.) Del, 2913 de *Butea monosperma* (Lam.) Thub, 1782 de *Acacia Senegal* Willd, 1462 de *Anogeissus latifolia* e 903 de *Acacia chundra*, são de 17799 e as restantes são outras 57 espécies de árvores (fig. 18).

Fig:-18. Número total de árvores na área de estudo

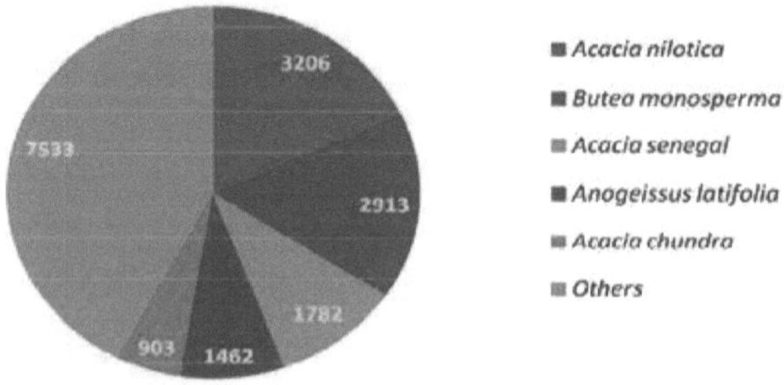

- *Acácia nilótica*
- *Butea monosperma* u *Acacia Senegal*
- *Anogeissus latifolia* ▪ *Acacia chundra*
- *Outros*

O quadro 27 indica que o número máximo de árvores (15587) se encontra entre 11 e 60 cm de altura bruta de árvore e 1744 árvores entre 61 e 120 cm, enquanto 445 árvores se encontram entre 121 e 180 cm e 23 árvores entre 181 e mais cm de altura bruta de árvore. Isto indica que a floresta não é madura ou adulta, mas pode ser considerada como uma floresta jovem, pelo que, no futuro, a floresta desenvolver-se-á muito bem.

Fig:-16. Numbers of trees in different GBH.

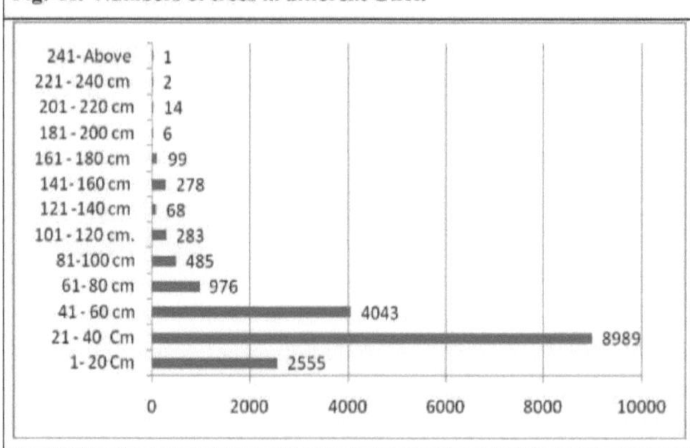

Tabela:-27. Número total de árvores em vários intervalos de GBH

Não.	Gama GBH	Número de árvores	média
1	11 a 60 cm	15587	87.57 %
2	61 a 120 cm	1744	09.80 %
3	121 a 180 cm	445	02.50 %
4	181 a mais de cm	23	00.13 %
total		17799	100 %

Fig:-19. Número total de árvores em vários intervalos de GBH

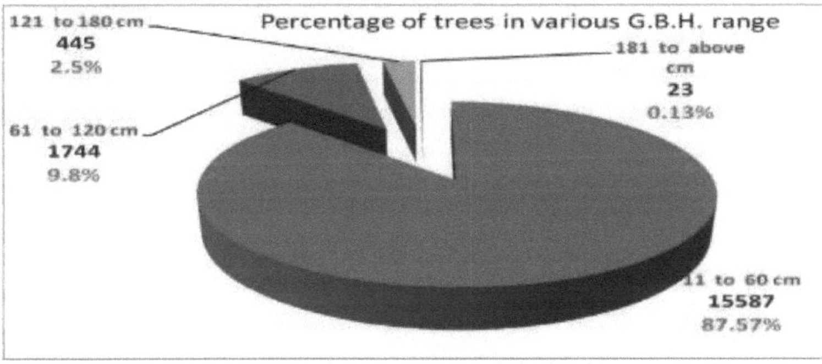

Ficus bengalesis L. tem o GBH máximo. Um total de 27 árvores de *Ficus bengalesis* L. foram registadas em 165 parcelas de amostragem. Apenas uma tem um GBH superior a 280 cm. Esta é observada perto do templo de Sebhargog, enquanto as restantes árvores desta espécie têm um GBH entre 101 e 280 cm.

5.4.1 GBH da planta dominante

(1) A ***Acacia nilotica* (L.) Del. (Baval)-** Baval é uma das principais espécies dominantes na área de estudo. Das 17799 árvores enumeradas em 165 parcelas de amostragem, 3206 árvores pertencem à *Acacia*, o que constitui quase 18,01 % do total de árvores. O GBH médio desta espécie é de 22,77 cm. 1130 árvores desta espécie apresentam um perímetro mínimo que varia entre 11 e 20 cm, enquanto 76 árvores apresentam um perímetro máximo que varia entre 61 e 80 cm. Um maior número de árvores, ou seja, 1713 árvores, encontra-se na gama de 21 a 40 cm e 287 árvores na gama de 41 a 60 cm de perímetro. Isto indica claramente que esta floresta tem árvores muito jovens e que as árvores mais maduras são em menor número. Como o clima é favorável à *Acacia nilotica* (L.) Del. o seu número pode aumentar no futuro.

Fig:-20. *Acacia nilotica* (L.) Del. em diferentes classes de perímetro.

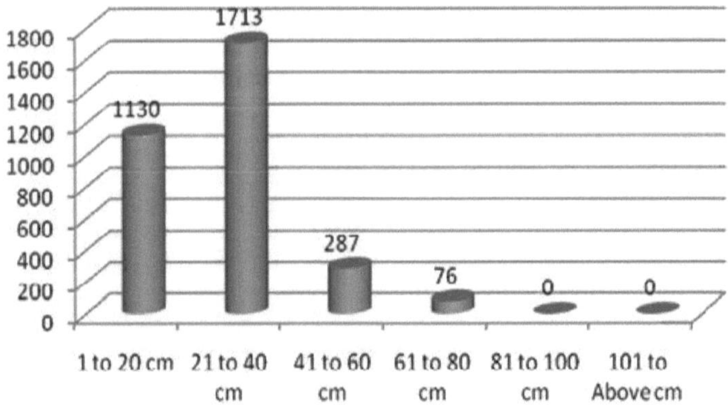

(2) *Butea monosperma* (Lam.) Thub. (Khakhro)- É conhecida como Palas, Khakhro, Kesudo e chama da floresta pela população local. 2913 árvores de 17799 árvores são *Butea monosperma* (Lam.) Thub. o que constitui quase 16,37 % do número total de árvores. Esta espécie domina toda a floresta da reserva. Está presente em 107 parcelas de amostragem.

O GBH médio desta espécie é de 31,16 cm. 143 árvores apresentam um perímetro mínimo entre 11 e 20 cm, enquanto 38 árvores apresentam um perímetro máximo entre 81 e 100 cm. Um maior número de árvores, isto é, 1468 árvores, situa-se entre os 41 e os 60 cm e 1243 entre os 61 e os 80 cm de perímetro. Isto indica claramente que esta floresta tem árvores muito jovens e que as árvores maduras são em menor número. Como o clima é favorável à *Butea, o* seu número pode aumentar no futuro

Fig:-21. *Butea monosperma* (Lam.) Thub. em diferentes classes de perímetro

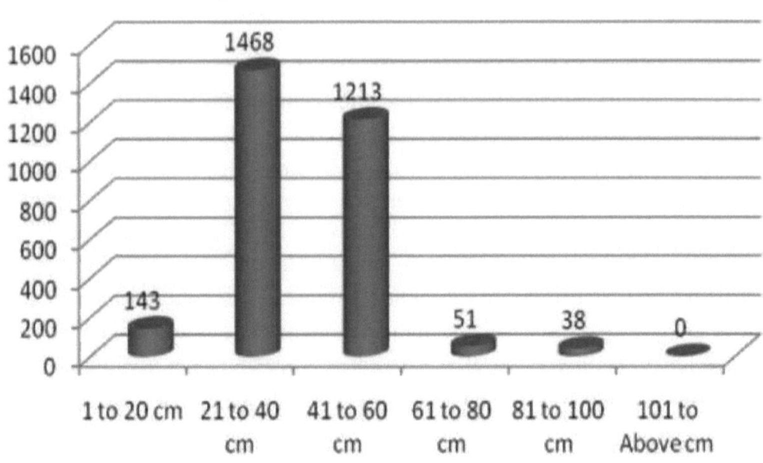

(3) *Acacia Senegal* Willd. - Esta espécie pertence à família Mimosaceae. Foram enumeradas 1782 árvores pertencentes à *Acacia* em 61 parcelas de amostragem, o que constitui quase 10,01% do número total de árvores. Esta espécie é também dominante

na floresta. O GBH médio desta espécie é de 32,62 cm.

Um maior número de árvores, ou seja, 1231 são registadas na gama de 21 a 40 cm de perímetro de base, e 211 são observadas na gama de 41 a 60 cm. Isto indica claramente que esta floresta tem árvores muito jovens e que as árvores mais maduras são em menor número. Como o clima é favorável à *Acacia Senegal* Willd. o seu número pode aumentar no futuro.

Fig:-21. ***Acacia Senegal*** **Willd. em diferentes classes de perímetro**

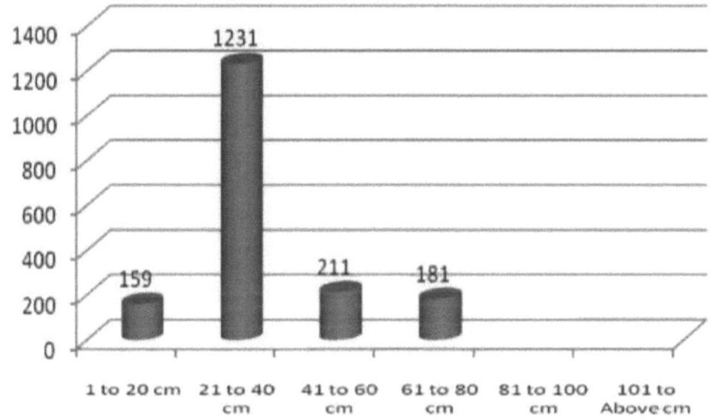

(4) ***Anogeissus latifolia*** **(Roxb.) Wall, ex Bedd. - É um** membro da família Combretaceae. É uma árvore de folha caduca. Foram registadas 1462 árvores de *Anogeissus latifolia* Wall, ex Bedd. nas 71 parcelas de amostragem, o que constitui 8,21 % da população total de árvores. É comum em toda a floresta. Esta espécie encontra-se em Serpura, Jalotra, Pavthi, Dhori, Joita e Navaserpura. As árvores são em menor número nas zonas de Pavthi, Dhori e Jalotra. Esta espécie associa-se às espécies máximas *Acacia nilotica* (L.) Del, *Butea monosperma* (Lam.) Thub, *Acacia Senegal* Willd, etc.

O número de árvores que apresentam um perímetro mínimo entre 11 e 20 cm é de 309 árvores, enquanto as que apresentam um perímetro máximo entre 21 e 40 cm. Esta espécie é utilizada como forragem para o gado.

(5) ***Acacia chundra*** **(Roxb. ex Rottl.) Willd.-Esta** espécie pertence à família Mimosaceae. O GBH médio desta espécie é de 21,18 cm. O maior número de árvores, ou seja, 573, encontra-se na faixa de 21 a 40 cm, e 209 estão registadas na faixa de 41 a 60 cm de perímetro. Isto indica claramente que esta floresta tem árvores muito jovens e árvores muito maduras em menor número. Como o clima é favorável à *Acacia chundra* (Roxb. ex Rottl.) Willd. o seu número pode aumentar no futuro.

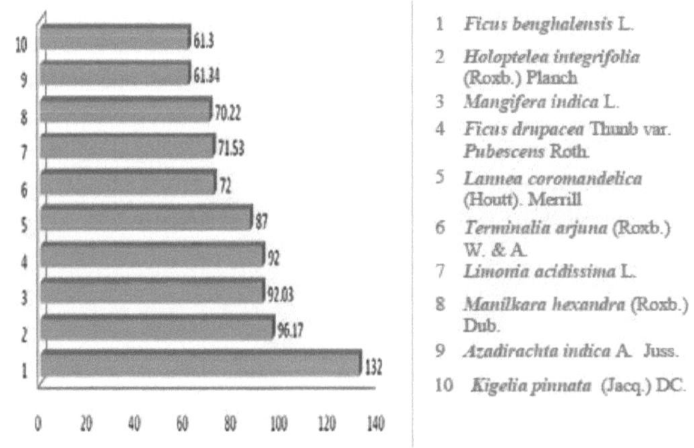

Ficus benghalensis L.
Holoptelea integrifolia (Roxb.) Planch
Mangifera indica L.
Ficus drupacea Thunb var.
Pubescens Roth.
Lannea coromandelica
(Houtt). Merrill
Terminalia arjuna (Roxb.)
W.&A.
Limonia acidissima L.
Manilkara hexandra (Roxb.) Dub.
Azadirachta indica A. Juss.
Kigeliapinnata (Jacq.) DC.

Fig:-23. Média máxima do GBH de dez espécies arbóreas

Tabela:27 a. Gama de GBH das espécies arbóreas

Não -	Nome da planta	1-20 cm.	21-40 cm.	41-60 cm	61-80 cm.	81-100 cm	101 - 120 cm.	121 - 140 cm	141 160 cm	161 180 cm	181-200 cm	201 - 220 cm	221-240 cm.	241 a Above cm.	Total
1	***Crateva nurvala*** Buch. - Ham.	12	37	3											52
2	***Thespesia populnea*** (L.) Sol. ex Corr.		26	7											33
3	***Bombax ceiba*** L.	9	8	17	7										41
4	***Guazuma ulmifolia*** Lam.			2	1										3
5	***Sterculia urens*** Roxb.	7	4	33	18	3									65
6	***Limonia acidissima*** L.		3	8	20	4				2	1				38
7	***Ailanthus excelsa*** Roxb.	6	4	32	18	5	4								69
8	***Boswellia serrata*** Roxb.	3	16	3	2	5									29
9	***Azadirachta indica*** A. Juss.	7	12	14	33	5	7		1	3					82
10	***Sapindus emarginatus*** Vahl.	18	73	11	6										108
11	***Lannea coromandelica*** (Houtt). Merrill			4	6	13	29								52
12	***Mangifera indica*** L.		2		5	17	2	1	1						28
13	***Moringa concanensis*** Nimmo	2	23	5	6	2									38
14	***Moringa oleifera*** Lam.		20	1											21
15	***Butea monosperma*** (Lam.) Thub.	143	1468	1213	51	38									2913
16	***Dalbergia sissoo*** Roxb.	6	37	3	2										48
17	***Derris indica*** (Lam.) Bennet	2	43	359	65	28	21								518
18	***Cassia fistula*** L.	3	47	21	13										84
19	***Cassia siamea*** Lam.	17	64	28	6										115
20	***Delonix elata*** (L.) Gamble	5	68	4	1										78
21	***Delonix regia*** (Boj .) Ref.		49	18											67
22	***Tamarindus***				23	77	13		4	6	5				128

	indica L.														
23	***Acacia chundra*** (Roxb. ex Rottl.) Willd.	42	573	209	74	5									903
24	***Acacia nilotica*** (L.) Del.	1130	1713	287	76										3206
25	***Acácia Senegal*** Willd.	159	1231	211	181										1782
26	***Albizia lebbeck*** (L.) Bth.	161	328	125	64										678
27	***Leucaena leucoephala*** (Lam.) de wit		179	55											234
28	***Pithecellobium dulce*** (Roxb.) Bth.		69	21	3										93
29	***Prosopis cineraria*** (L.) Druce	87	331	104											522
30	***Prosopis juliflora*** (Sw.)DC.	122	503	137	61										823
31	***Samanea saman*** (Jacq.) Merr.		35	2											37
32	***Anogeissus latifolia*** (Roxb.) Wall, ex Bedd.	309	986	167											1462
33	***Anogeissus pendula*** Edgew.	15	49												64
34	***Terminalia arjuna*** (Roxb.) W. & A.			21	109	12	7	13							162
35	***Terminalia bellirica*** (Gaertn.) Roxb.		14	73	15										102
36	***Syzygium cumini*** (L.) Skeels		53	18											71
37	***Alangium salvifolium*** (L. f.) wang		62	437	66	27									592
38	***Anthocephalus kadamba*** L.		3												3
39	***Hymenodictyon excelsum*** (Roxb.) Wall.			2											2
40	***Mitragyna parvifolia*** (Roxb.) Korth.	26	17												43
41	***Morinda tomentosa*** Heyne ex Roth			9											9
42	***Madhuca indica*** J. F. Gmel.			9			23		9						41

43	***Manilkara hexandra*** (Roxb.) Dub.				29			8							37
44	***Diospyros melanoxylon*** Roxb.	67	356	84											507
45	***Salvadora persica*** L.	8	23	28											59
46	***Salvadora oleoides*** Decne.	12	53	17											82
47	***Alstonia scholaris*** (L.) R.Br.	9	13												22
48	***Holarrhena antidysenterica*** (Heyne ex Roth) wall.	49	156	13											218
49	***Wrightia tinctoria*** R. Br.			73	8	138	56		263	81					619
50	***Wrightia tomentosa*** R. &S.			123		97	121	43							384
51	***Cordia gharaf*** (Forsk.) E.&A.	6	36												42
52	***Cordia dichotoma*** Forst.	11	47												58
53	***Kigelia pinnata*** (Jacq.) DC.			28											28
54	***Tecomella undulata*** (Sw.) Seem.		21												21
55	***Gmelina arborea*** L.	7	16												23
56	***Tectona grandis*** L. f.	4	63												67
57	***Vitex negundo*** L.	89	32												121
58	***Santalum album*** L.	2	17	4											23
59	***Holoptelea integrifolia*** (Roxb.) Planch				7										7
60	***Ficus benghalensis*** L.							3		7		14	2	1	27
61	***Ficus drupacea*** Thunb var. ***Pubescens*** Roth.					9									9
62	***Phoenix sylvestris*** (L.) Roxb.		6												6
Total		2555	8989	4043	976	485	283	68	278	99	6	14	2	1	17799

Fig. 18: Número de árvores com diferentes intervalos de GBH

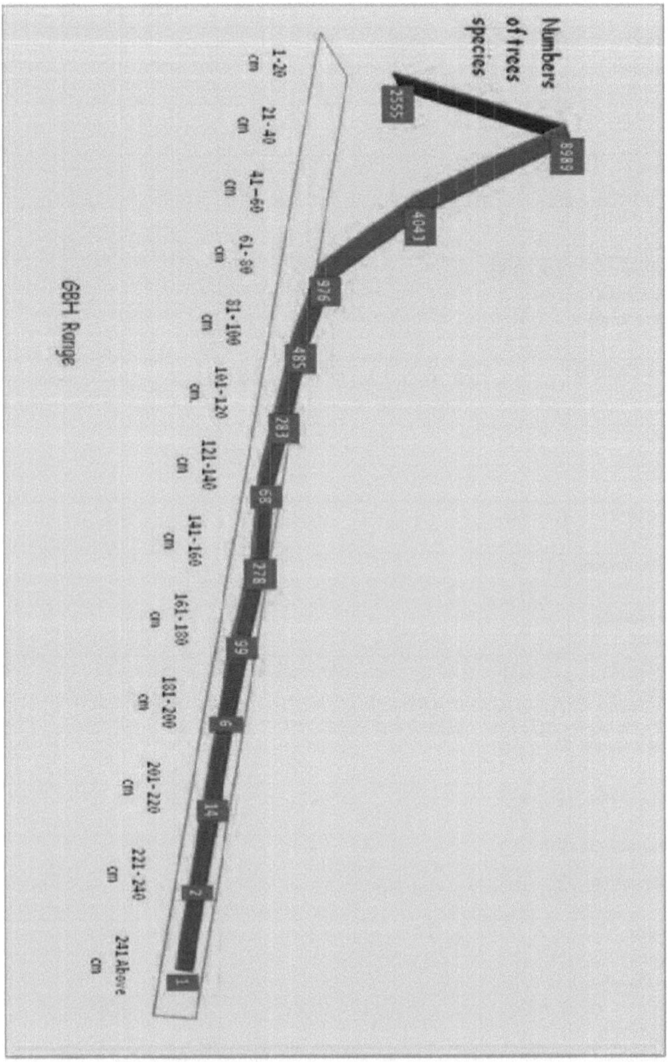

Fig.:-19. Número de árvores dominantes

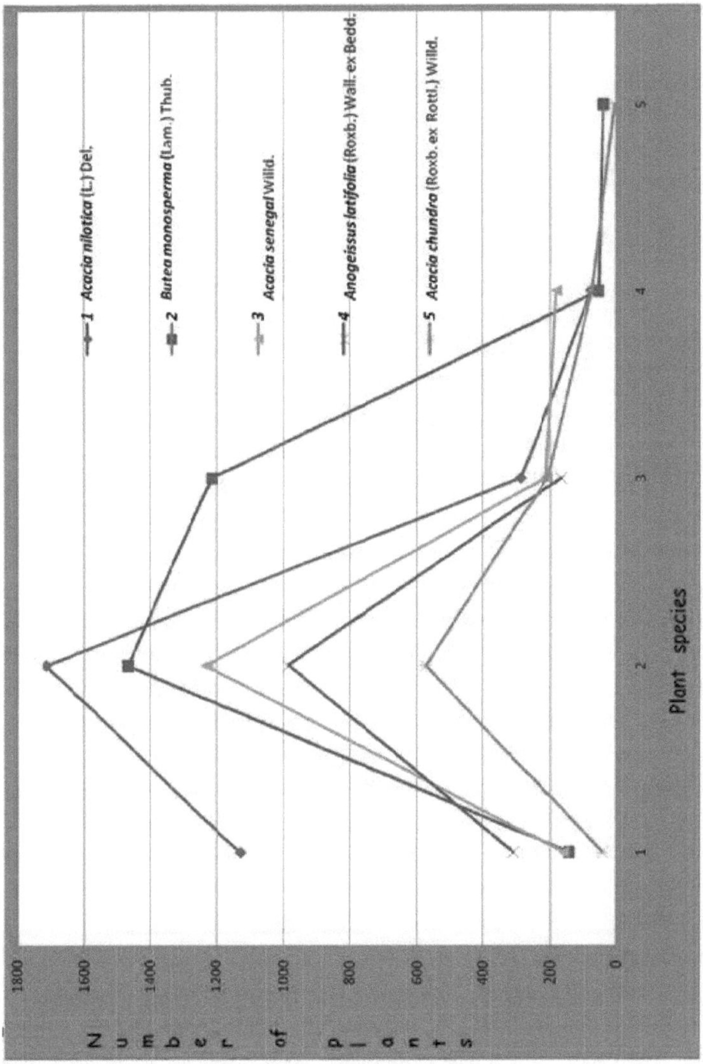

5.5 Espécies vegetais raras e ameaçadas de extinção

Devido a várias pressões antropogénicas, algumas espécies de plantas são raras e estão em perigo de extinção. As espécies vegetais são divididas nas cinco classes seguintes, com base na sua frequência percentual. (Misra 1954) viz:

-1- Raros - presentes em 1 a 20 % (classe de frequência A).

-2- Raramente presente - presente em 21 a 40 % (classe de frequência B).

-3- Frequentemente presente - presente em 41 a 60 % (classe de frequência C).

-4- Maioritariamente presente - presente em 61 a 80 % (classe de frequência D).

-5- Presença constante - presente em 81 a 100%, (classe de frequência E).

Tabela;-28. Espécies arbóreas raras.

Não	Nome da planta	Frequência	Densidade	Abundância
1	***Hymenodictyon excelsum*** (Roxb.) Wall.	0.61	0.01	2
2	***Guazuma ulmifolia*** Lam.	0.61	0.02	3
3	***Phoenix sylvestris*** (L.) Roxb.	0.61	0.04	6
4	***Anthocephalus kadamba*** L.	1.21	0.02	1.5
5	***Holoptelea integrifolia*** (Roxb.) Planch	1.21	0.04	3.5
6	***Morinda tomentosa*** Heyne ex Roth	1.21	0.05	4.5
7	***Ficus drupacea*** Thunb var. ***Pubescens*** Roth.	1.21	0.05	4.5

5.5.1 Espécies de árvores raras e ameaçadas:

(1) *Hymenodictyon excelsum* (Roxb.) Wall. Esta planta é conhecida como Luniyo. Só foi registada num local e só existem 2 plantas em 165 parcelas. A densidade destas plantas é de 0,01 e a abundância é de 2. Pertence à família das Rubiaceae. As suas folhas são utilizadas em doenças de pele e a casca do caule é utilizada em diarreia e febre. Esta planta é observada na floresta de Palanpur.

(2) *Guazuma ulmifolia* Lam. Chama-se Khoti-rudraksh. As suas sementes são utilizadas para fazer um colar e para tratar a varíola. É usada como pulseira para obter as bênçãos do Senhor Shiva. Esta árvore enfrenta a pressão antropogénica. Como resultado, não crescem novas plantas na floresta. Só registei 3 plantas em toda a área. Pertence à família Sterculiaceae.

(3) *Phoenix sylvestns* (L.) Roxb. Pertence à família Palmaceae de Monocotyledon. É conhecida como Khajuri. É observada em ambas as áreas de estudo. Algumas plantas estão disponíveis fora das parcelas. A maioria das plantas cultivadas são observadas mais perto de habitações humanas. A densidade da árvore é de 0,04 e a frequência é de 0,6 %. Os seus frutos são comestíveis.

(4) *Anthocephalus kadamba* L. A árvore é conhecida como Kadamb. As pessoas consideram esta árvore como a casa do Senhor Krishna. A densidade da árvore é de 0,02 e a frequência é de 1,21 %. Estes parâmetros indicam uma maior pressão antropogénica sobre a planta na floresta. Pertence à família Rubiaceae.

(5) *Holoptelea integrifoha* (Roxb.) Planch. Pertence à família Ulmaceae. A árvore é conhecida como Parpaliyo. É observada em ambas as faixas da área de estudo. A densidade da árvore é de 0,04, a abundância é de 3,5 e a frequência é de 1,21

%. As cascas e folhas da planta são boas fontes de medicamentos.

5.5.1.1. Algumas plantas ameaçadas na zona:

(1) ***Tecomella undulata* (Sw.) Seem.** **(Bignomaceae) - Esta** planta **é** conhecida como Regat rohido. Constitui 0,1% da composição da área. Apenas 21 plantas foram registadas em 165 parcelas. As plantas são observadas em Pavthi, Dhori e Jalotra. Todas as árvores têm um diâmetro de peito entre 21 e 40 cm. Isto indica que o número desta espécie de árvore pode diminuir drasticamente após alguns anos. Por isso, é necessário conservar esta espécie de árvore.

Esta espécie está também documentada como rara no Livro Vermelho. É uma árvore pequena com ramos caídos. A casca é utilizada para curar doenças de pele e a sua decocção misturada com leite é administrada como medicamento em inchaços causados por quedas.

(2) ***Boswelha serrata* Roxb.** **(Burseraceae)-** Pertence **à** família Burseraceae e é vulgarmente conhecida como árvores de Dhup gugal. Só foram registadas 29 árvores desta espécie, que se encontram dispersas na floresta. A população tribal utiliza a sua goma em pooja de Deus. Por isso, está sujeita a uma maior pressão antropogénica.

(3) ***Bombax ceiba* L.** **(Bombacaceae)- Esta** planta **é** conhecida como Simlo. Apenas 41 plantas foram registadas em 165 parcelas. É observada em Sebhargog, Serpura, Sedhani e Bhakhri. Se as árvores destas espécies forem cortadas num futuro próximo, é possível que a população destas espécies diminua ao fim de alguns anos. Por conseguinte, é necessário conservar esta espécie de árvore. Esta espécie também está documentada como rara no Livro Vermelho de Dados.

A casca é utilizada para curar doenças de pele e a sua decocção misturada com leite é administrada como medicamento em inchaços devidos a quedas.

. . .

5.5.2 Espécies arbustivas raras:

Algumas espécies arbustivas são observadas fora da área da parcela de amostragem. Estas espécies são observadas em locais específicos, nomeadamente *Citrus medica* var. *limon* L., *Ablemoschus manihot* (L.) Medic., *Commifora wigtii* (Arn.) Bhandari, *Acacia jacquemontii* Bth., *Strychnos potatorum* L., *Grewia subinequalis* DC. e *Breynia retusa* (Dennst.) Alst. etc.

Tabela:-29. Abundância e densidade de espécies arbustivas raras a nível local

NÃO	Nomes de plantas	Frequência	Abundância	Densidade
1	***Grewia subinequalis*** DC.	1.212	2.5	0.03
2	***Strychnos potatorum*** L.	1.212	4.5	0.055
3	***Manilkara zapota*** L.	1.818	5.667	0.103
4	***Breynia retusa*** (Dennst.) Alst.	1.818	1.667	0.03
5	***Acaciajacquemontii*** Bth	3.03	2.6	0.079

(1) *Grewia subinequalis* DC. É vulgarmente conhecida como Paisa. É um membro da família das tiliaceae. Tem baixa frequência, apenas 1,212, abundância 2,5 e densidade 0,03. Pertence a Tiliaceae. Esta espécie de planta encontra-se na floresta de

Palanpur, nomeadamente em Pavathi, Dhori e Mumanvas, etc.

(2) ***Strychnos potatorum*** L. É um arbusto alto de folha caduca pertencente à família Loganiaceae, conhecido como kantas. É muito pouco numeroso na floresta, sendo geralmente observado apenas em 2 parcelas.

As folhas são utilizadas para o tratamento de distúrbios digestivos. A casca em pó é útil no tratamento da cólera. As sementes são amargas, pelo que são utilizadas no tratamento da diabetes.

(3) ***Manilkara zapota*** **L.:-** É vulgarmente conhecida como Chikoo. É um membro da família Sapotaceae. O seu fruto é doce, pelo que é utilizado como fruta. Os monges e os pássaros comem os seus frutos. As tribos utilizam este fruto para ganhar dinheiro no mercado. Por isso, está sujeita a uma grande pressão antropogénica. Existem poucas plantas perto da área da aldeia.

(4) ***Breynia retusa*** **(Dennst.) Alst.** É registada em ambas as áreas. Esta planta é conhecida como Kmboi. Pertence à família Ephoriaceae. Apenas 5 plantas foram observadas em 3 parcelas de amostragem. Algumas estão fora das parcelas de amostragem. Os seus frutos são utilizados para curar doenças.

(5) ***Acacia jacquemontii*** **Bth.** Está incluída na família Mimosaceae. Esta espécie enfrenta a pressão antropogénica. Apresenta baixa frequência, apenas 3,03, abundância 2,6 e densidade 0,079.

5.5.3 Espécies trepadeiras raras:

Algumas espécies de trepadeiras são observadas em poucas parcelas de amostragem e também algumas são observadas fora da área das parcelas de amostragem. Por isso, estas espécies de ervas não se encontram na totalidade na floresta. Mas só existem em locais especiais.

Tabela:-30. Caracteres quantitativos de espécies trepadeiras raras:

NÃO	Nomes de plantas	Frequência	Abundância	Densidade
1	*Ampelocissus latifolia* (Roxb.) planch.	1.212	2.5	0.03
2	*Dregia volubilis* (L. f.) Bth.	1.212	1	0.01
3	*Leptadenia reticulata* (Retz.) W.&A.	1.818	1.67	0.03
4	*Hemidesmus indicus* (L.) Schult.	1.818	2.33	0.04
5	*Arygyreia nervosa* Boj.	1.818	1.67	0.03

(1) ***Ampelocissus latifolia*** **(Roxb.) planch.** É conhecida como KhotiDraksh. É muito rara na região. Ocorre com uma frequência de 1,212 %. Foi observada numa parcela de amostragem na zona de Palanpur. A sua densidade é de 0,03 e a abundância de 2,5. Ocorre durante a estação das monções.

(2) ***Dregia volubilis*** **(L. f.) Bth.: -** É chamada Jangali-Dodi. É um membro de Asclepiadaceae. É utilizada como forragem e a planta enfrenta a pressão do pastoreio. Tem baixa frequência 1.212. É observada na zona florestal da cordilheira de Palanpur.

(3) ***Leptadenia raticulata*** **(Retz.) W.& A.:-** É uma planta útil pertencente à família Asclepiadaceae. É conhecida como Dodi. Tem boas propriedades medicinais. As folhas são utilizadas em doenças do peito e dos pulmões, doenças oculares e a planta inteira é utilizada na asma e na tosse. O fruto é comestível.

A destruição do seu habitat é um problema grave na zona de estudo. O pastoreio livre do gado, a invasão e a construção de estradas de acesso, as cercas e sebes agrícolas existentes e as bordas não vigiadas dos campos são destruídas, o que o afecta gravemente.

(4) *Hemidesmus indicus* (L.) Schult. É uma planta geminada da família Penploaceae. É conhecida como Dudhi vel ou Upalsul. Ocorreu com uma frequência de 1,818 %.

(5) *Arygyreia narvosa* Boj.; - É uma planta geminada que pertence à família Convolvulaceae. É conhecida como Samudrasok. Ocorre com a frequência (1,818 %), indicando que é observada em 3 parcelas amostrais com 5 plantas. A sua densidade é de 0,03, e a abundância de 1,67.

5.5.3.1 Espécies arbustivas ameaçadas.

(1) *Mucuna prurita* Hk. f. Chama-se Kuvachh. É uma planta geminada pertencente à família Fabaceae. Encontra-se sobretudo em abundância perto de zonas densas e também em cercas à volta das sebes. É mais frequente em Serpura, Navisedhani, Juisedhani e Joita. Ocorre com frequência (23,3 %), densidade 0,72 e abundância 3,11. Tem bom aspeto com flores roxas. É encontrada em maior número durante a monção.

(2) *Gloriosa superba* L.: - O rizoma inteiro é um antibiótico mas é venenoso em grandes doses. O sumo fresco da planta é um estimulante uterino.

É designada por Kankasani e Vachhanag. Trata-se de uma planta geminada pertencente à família Liliaceae das Monocotiledóneas. Encontra-se em cercas à volta dos campos e sebes durante a monção. Ocorre com frequência (11,52%). A sua densidade é de 0,19 e a abundância é de 1,63. Possui flores gloriosas de cor avermelhada.

5.5.4 Espécies herbáceas raras da zona de estudo:

Algumas espécies de ervas são registadas em menor número nas parcelas de amostragem. Estas espécies não são observadas em toda a área da floresta, Viz. *Amorphophallus commutatus* (Roxb.) Bl., *Anethum graveolens* L., *Chrozophora prostrata* Dalz., *Cannabis sativa* L., *Chlorophytum tuberosum* (Roxb.) Braker, *Chlorophytum borivilianum* Sant. & Fernand, *Lepidagathis cristata* Willd, *Mentha spicata* L., *Mimosa pudica* L., *Orobanche aegyptiaca* Pers., *Peplidium maritimum* (L. f.) Wetstt., *Sesamum orientale* L., *Verbascum chinense* (L.) Sant., *Zornia gibbosa* L., etc.

Tabela:-31. Espécies de ervas raras na área de estudo

NÃO	Nomes de plantas	Frequência	Abundância	Densidade
1	***Amorphophallus commutatus*** (Roxb.) Bl.	1.818	3.667	0.07
2	***Sesamum orientale*** L.	1.818	4.33	0.08
3	***Cannabis sativa*** L.	1.818	2.667	0.05
4	***Lepidagathis cristata*** Willd.	2.424	1.75	0.04

5	*Chlorophytum borivilianum* Sant. & Fernand.	2.424	1.75	0.04

(1) ***Amorphophallus commutatus* (Roxb.) Bl.** Pertence à família Aeraceae. É rara. Apenas 11 plantas foram observadas na parcela de amostragem. É conhecida popularmente como Jangali-suran. As tribos utilizam os calos na culinária e na medicina como aperitivo digestivo. Por isso, as tribos arrancam o milho com as plantas inteiras da terra. Como as plantas não se regeneram rapidamente na natureza, é representada como uma planta rara na floresta.

(2) ***Sesamum orientale* L.:--** Pertence às Pedaliaceae. É rara. É conhecida como Jangali-tal. É utilizada como forragem. Como as plantas não se regeneram rapidamente na natureza, é representada como uma planta rara na floresta.

(3) ***Cannabis sativa*** L.;- É conhecida como Ganjo. Pertence a Canabinaceae. É rara. Apenas 8 plantas foram observadas em 3 parcelas de amostragem na área. As tribos usam as suas folhas e botões florais para abortivo, adstringente e hidropisia. Também é utilizada no fabrico de medicamentos.

(4) ***Lepidagathis cristata* Willd:-** Faz parte da família das Acanthaceae. É rara. Apenas 7 plantas são vistas dentro da parcela em toda a área. É conhecida popularmente como Bhuyaterada. As tribos usam a planta inteira para tratar a febre.

(5) ***Chlorophytum bonvilianum* Sant. & Fernand.:-** Possui pequenos tubérculos. Pertence à família Liliaceae. É conhecida localmente como Safed Musali. As tribos retiram as plantas vegetativas da floresta. Como resultado, vi apenas 7 plantas em toda a floresta. Só foi observada em 4 parcelas em Pavthi.

5.5.4.1. Plantas ameaçadas em Ervas.

(1) *Chlorophytum tuberosum* (Roxb.) BakerFaz parte da família Liliaceae. É conhecida como Musali. É uma importante espécie de planta medicinal. As raízes tuberosas secas são os produtos do comércio. Cresce após a primeira chuva e completa o seu ciclo de vida num mês. É observada em algumas manchas especiais apenas em Pavthi e Jalotra. A densidade é de 1,667 e a frequência de 1,818 %. Só é observada na zona florestal da cordilheira de Palanpur.

Esta planta enfrenta uma pressão antropogénica porque os tubérculos secos destas plantas são adulterados com os tubérculos secos de *Chlorophytum borivilianum* Sant. & Fernand e vendidos no mercado a um preço elevado.

5.6 Estudo da associação vegetativa vegetal e da representação proporcional

Muitas plantas encontram-se na floresta em associação com várias outras plantas. O quadro 32 mostra os vários tipos de associação encontrados na área florestal de Vadgam taluka. Estas associações são as seguintes

(1) Associação *Acacia nilotica - Prosopis cineraria - Dichrostachys cinerea* :--

Esta associação foi observada em toda a floresta. Este tipo de vegetação pode ser observado nas aldeias da zona florestal da cordilheira de Danta, bem como nas zonas ribeirinhas de Sarswati, nas pequenas colinas arenosas, nas colinas e nas planícies de Serpura, Junisedhani, Navisedhani, Bhakhari e Mokeshwar. Este tipo de vegetação tem sido proeminente em planícies, contrafortes, encostas e picos. Mas esta associação é observada no dossel inferior e, em segundo lugar, não foi observado nenhum dossel superior distinto com esta associação.

Algumas espécies arbustivas como *Lantana camera* L. var *sanguinea, Holarrhena antidysenterica* (Heyne ex Roth) *wallCassia auriculata* L., *Carissa congesta* Wt, são encontradas com esta associação.

(2) ***Albizia lebbeck - Acacia Senegal- Acacia nilotica - Zizyphus numularia - Cassia auriculata*** **associação :--**

Este tipo de associação é caracterizado por vegetação arbustiva dispersa, normalmente observada nas planícies e encostas da cordilheira de Danta, aldeia de Pavathi, Dhori e Mumanvas da floresta da cordilheira de Palanpur. A associação ocorre em solos vermelhos a castanhos avermelhados e a textura varia de arenosa-siltosa a cascalhenta. Este tipo de associação tem sido observado em planícies, encostas de colinas e nas copas mais baixas. As espécies-chave desta associação são *Acacia senegl* willd., Albizia lelleck (L.) Bth., *Acacia nilotica* (L.) Del., *Zizyphus mauritiana* Lam. com vegetação arbustiva de *Cassia auriculata* L. e *Ziyphus nummularia* (Burm. F.) W. & A., plantas enquanto *Capparis sepiaria* L., *Capparis decidua* (Forsk.) Edgew. predominam em encostas suaves e onduladas.

(3) ***Associação Butea monosperma- Terminalia arjuna - Acacia nilotica***

Esta associação foi observada em toda a floresta em ambas as áreas, mas as espécies *Butea monosperma* (Lam.) Thub., *Terminalia arjuna* (Roxb.) W. & A., *Acacia senegl* willd., Albizia lelleck (L.) Bth. e *Acacia nilotica* (L.) estão altamente associadas na área de estudo de Palanpur. No entanto, esta associação é excluída no que respeita às zonas ribeirinhas e às colinas. Ocorre em solos escuros, castanhos avermelhados a avermelhados opacos, com maior proporção de areia e silte. O dossel superior era pré-dominado por *Butea monosperma* (Lam.) Thub. e *Terminalia arjuna* (Roxb.) W. & A. As outras espécies, nomeadamente *Acacia senegl* willd., Albizia lelleck (L.) Bth., *Acacia nilotica* (L.) Del., *Bauhinia purpuria* L., *Holoptelea integrifolia* (Roxb.) Planch e *Wrightia tinctoria* R. Br. estavam em estreita associação. A vegetação rasteira era constituída principalmente por *Euphorbia neriifolia* L., *Lantana camera* L. var *sanguinea, Tephrosia purpurea* (L.) Pers e *Cassia occidentalis* L..

(4) ***Associação Butea monosperma- Salvadora persica- Diospyrus melanoxylon - Holoptelia integrifolia***

Esta associação restringiu-se às encostas mais baixas da área florestal de Pavthi e Dhori. Enquanto muito menos na floresta da cordilheira de Danta. Aí predomina a pressão antropogénica. A associação ocorre em solos vermelho-escuro e castanho-escuro com textura arenosa-siltosa e cascalho-arenosa. Esporadicamente, havia manchas puras de *Salvadora percica* L., *Diospyros melanoxylon* Roxb. e *Butea monosperma* (Lam.) Thub. formando uma comunidade distinta em toda a floresta. As outras espécies que ocorreram com esta associação particular foram *Balanitis aegyptica* (L.), *Abutilon indicum* (L.) Sw., e Maytenus emarginata (Willd.) D. Hou. Neste tipo de associação, não há muita distinção entre a história acima e a história abaixo. No entanto, as espécies do sub-bosque foram caracterizadas por *Datura metel* L., *Jatropha gossypifolia* L. e *Cordia dicotoma* Forst.

(5) *Dendrocalamus strictus - Wrightia tictoria - Associação de Acacia sp.*

Esta associação não é encontrada em toda a floresta. Ocorre em solos vermelhos a castanhos avermelhados e a textura do solo varia de arenoso-siltoso a cascalho-arenoso. As espécies associadas, nomeadamente *Acacia Senegal* willd., Albizia lebbeck (L.) Bth., *Holoptelea integrifolia* (Roxb.) e *Zizyphus mauritiana* Lam. a flora rasteira apresenta tufos de *Commelina benghalensis* L., *Commelina diffusa* Burm. f., *Barleria prionitis* L., *Achyranthus aspera* L. var. *aspera* e *Occimum gratisimum* L..

(6) *Tectona grandis - Butea monosperma - Terminaha arjuna wrightia tictoria - Associação Aegle mermelos*

Encontra-se em pequenas manchas isoladas nas planícies, no sopé de Pavthi e Mumanvas, com uma distribuição restrita, e esta comunidade é ainda observada nas colinas, indicando a sua preferência por boa humidade. O solo era castanho-avermelhado a castanho-acinzentado, com uma textura mais silto-arenosa. Todos os indivíduos destas espécies têm quase a mesma idade e altura, sendo que esta associação tem plantas densas das famílias Acantheceae, Amarantheceae e Commelinacce.

(7) *Lannea coromandelica - Diospyrous melanoxylon - Terminalia arjuna- Associação Wrightia tictoria*

É nos cumes médios e superiores das colinas, nomeadamente em Pavathi, Jalotra, Dhori e Mumanvas da zona de estudo. *Lannea coromandelica* (Houtt). Merrill é comummente encontrada com outros associados como *Terminalia arjuna* (Roxb.) W. & A., *Diospyros melanoxylon* Roxb. e *Anogeissus latifolia* (Roxb.) Wall, ex Bedd. Estas associações são vistas em poucas manchas e a flora do solo é alterada em várias áreas florestais.

(8) *Boswclha serrata - Diospyrous melanoxylon - Associação Wrightia tictoria*

Estes tipos de associações são restritos à área de floresta da cordilheira de Danta. Ocorre em solos castanhos acinzentados escuros. Esta associação encontra-se na copa média e a flora do solo tem muitas plantas. Em Palanpur, foram encontradas poucas manchas desta associação.

(9) Associação de espinhos do deserto:

Devido à forte pressão biótica sobre as planícies, a diversidade floral nas terras planas e no sopé das colinas foi a que mais sofreu e uma intervenção de invasão com florestação e invasão de espécies espinhosas converteu as terras planas em florestas de espinhos. Nestas zonas, a diferenciação das copas é bastante difícil. As principais espécies arbóreas deste tipo são *Acacia Senegal* willd., *Acacia nilotica* (L.) Del., *Albizia lebbeck* (L.) Bth., *Holoptelea integrifolia* (Roxb.) e *Zizyphus mauritiana* Lam, *Acacia chundra* (Roxb. ex. Rottl.) Willd., *Prosopis cineraria* (L.) Druce, *Prosopis juliflora* (Sw.) DC., *Butea monosperma* (Lam.) Thub. e *Anogeissus latifolia* (Roxb.) Wall ex. Bedd., etc. O subsolo é representado por *Balanites aegyptica* (L.) Del., *Calotropis giganta* (L.) R.Br., *Capparis decidua* (Forsk.) Edgew, *Dichrostachys cinerea* (L.) W. & A. juntamente com gramíneas como *Cenchrus biflorus* Roxb., *Cenchrus ciliaris* L. *Chloris barbata* Sw., *Chloris virgata* Sw. *Digitaria adscendens* (H. B. & K.) Henr e *Setaria glauca* (L.) P. Beauv. *Setaria italica* (L.) P. Beauv. Este tipo de associação é predominante nalgumas partes da floresta da cordilheira de Danta.

(10) Associação mista:

Esta associação encontra-se normalmente na floresta de densa e nas encostas moderadas de Pavthi, Mumanvas e Jalotra. Foram observados solos castanhos acinzentados escuros. Um elevado nível de humidade tem sido o indicador desta associação. As espécies que compõem o dossel superior desta associação são *Tamarindus indica* L., *Ficus benghalensis* L., *Mitragyna parviflora* (Roxb.) Korth., *Eucalyptus globules* Labill, *Pithecellobium dulce* (Roxb.) Bth, *Terminalia bellirica* (Gaertn.) Roxb., *Alangium salvifolium* (L. f.) wang, *Wrightia tinctoria* R. Br., *Zizyphus mauritiana* Lam. e *Lannea coromandelica* (Houtt). Posteriormente, o sub-bosque é dominado por *Euphorbia neriifolia* L., *Holarrhena antidysentrica* (Heyne ex Roth.) wall, *Lantana camera* L. var *sanguinea, Maytenus emarginata* (Willd.) D. Hou. e *Capparis decidua* (Forsk.) Edgew. e, finalmente, o estrato rasteiro é constituído por *Barleria prionitis* L., *Sida ovata* Forsk., *Sida cordifolia* L. e espécies herbáceas.

Tabela:-32. Mostrando várias associações na área de estudo

Não	Associação de vegetação	Espécies indicadoras	Área
1	*Acacia nilotica -prosopis cineraria - Dichrostachys cinerea*	*Acacia nilotica* (L.) Del., *Prosopis cineraria* (L.) Druce,	Jalotra, Serpura,
2	*Albizia lebbeck - Acacia Senegal- Acacia nilotica - Zizyphus numularia - Cassia auriculata*	*Albizia lebbeck* (L.) Bth.	Junisedhani, Serpura.
3	*Butea monosperma - Terminalia arjuna - Acacia nilotica*	*Butea monosperma* (Lam.) Thub	Pavthi
4	*Butea monosperma- Salvadora persica- Diospyrus melanoxylon - Holoptelia integrifolia*	*Diospyros melanoxylon* Roxb.	Mokeshwer, Mumanvas
5	*Dendrocalamus strictus - Wrightia tictoria - Associação de Acacia sp.*	*Acacia Senegal* willd., *Acacia nilotica* (L.) Del.	Joita, Jalotra
6	*Tectona grandis - Butea monosperma - Terminalia arjuna wrightia tictoria - Aegle mermelos*	*Butea monosperma* (Lam.) Thub	Jalotra
7	*Lannea coromandelica - Diospyrous melanoxylon - Terminalia arjuna- wrightia tictoria*	*Wrightia tinctoria* R. Br.	Pavthi, Dhori
8	*Boswellia serrata - Diospyrous melanoxylon - Wrightia tictoria*	*Diospyros melanoxylon* Roxb.	Jalotra

9	Floresta de espinhos do deserto	*Acacia nilotica* (L.) Del., *Alangium salvifolium* (L. f.) wang,	Navisedhani, Serpura,
10	Floresta mista	*Diospyros melanoxylon* Roxb., *Alangium salvifolium* (L. f.)	Serpura, Navisedhani, Joita, Muman vas.

6 CONCLUSÃO

A reserva florestal de Vadgam taluka está situada a 72' 49' de longitude leste e 23' 59' de latitude norte. Situa-se a cerca de 750 pés acima do nível médio do mar. O clima é semi-árido. A área está situada entre as cadeias florestais de Palanpur e Ambaji-Danta do distrito de Banaskantha, Gujarat. A área florestal de Vadgam não foi objeto de um estudo florístico e ecológico intensivo, apesar da sua rica vegetação e população tribal. A região é extremamente rica em ervas, arbustos e árvores.

A floresta é habitada por várias subtribos como Anjana, Rabari, Bharvad, Garasias, Thakor, Chauhan, Vaghari, Harijan e Muman, etc. A área total de Vadgam taluka é de 56587 hectares e existem 110 aldeias, das quais 15 estão situadas na floresta de reserva. A floresta de reserva cobre uma área de 1321 hectares. A área florestal está dividida em duas regiões, uma das quais é a floresta de Palanpur e a outra é a floresta de Danta.

A floresta é classificada como floresta tropical decídua seca e floresta tropical espinhosa por Champion e Seth (1968). A área de estudo tem florestas decíduas secas e florestas áridas de matos abertos. Nestas florestas, a vegetação é aberta, ou seja, as árvores, os arbustos e as ervas estão muito espaçados. A vegetação da área de estudo é, portanto, de natureza xerófita. Esta área apresenta duas vegetações sazonais distintas (i) a vegetação de verão e de inverno e (ii) a vegetação da estação das chuvas.

Alguns tipos de vegetação observados na área de estudo são os seguintes:

A floresta decídua mista seca é visível em toda a floresta. Existem algumas áreas de florestas densas representativas do habitat anterior, nomeadamente em Jalotra, Pavathi, Dhori e Mumanvas. Espécies de árvores viz: *Acacia chundra* (Roxb. ex Rottl.) Willd., *Anogeissus latifolia* (Roxb.) Wall. ex. Bedd., *Butea monosperma* (Lam.) Taub., *Diospyros melanoxylon*

Roxb., *Mitragynaparvifolia* (Roxb.) Korth. e *Terminalia crenulata* Roth, são dominantes neste tipo de floresta.

As espécies arbóreas cultivadas nos campos de cultivo são *Alstonia scholaris* (L.) R.Br., *Annona squamosa* L., *Bauhinia purpuria* L., *Casurina equisetifolia* L., *Citrus lemon* (L.) Corr., *Eucalyptus globulus* Laill., *Manilkara zapota* L. e. *Psidium guajava* L.,

Esta zona tem vários outros tipos de florestas, nomeadamente florestas secas de teca, florestas secas mistas de folha caduca, florestas de *BoswcHia*, florestas ribeirinhas, florestas de *Anogeissus*, florestas de *Butea*, florestas secas de bambu, matos secos de folha caduca, florestas de *Aegle*, matos de *Zizyphus* e florestas de Khair (*A. catechu*).

A floresta de *acácias* é observada na cordilheira de Palanpur e na cordilheira de Danta. *A acácia* é comummente encontrada com *Anogeissus latifolia* (Roxb.) Wall. ex. Bedd., *Butea monosperma* (Lam.) Taub., *Boswellia serrata* Roxb., *Diospyros melanoxylon* Roxb., etc.

A floresta ribeirinha apresenta espécies arbustivas nas encostas das florestas, nas margens dos rios, nos leitos dos rios e nos cursos de água do rio. Possui espécies vegetais específicas.

As zonas mais baixas de algumas colinas são constituídas por este tipo de floresta. Associa-se a *Butea monosperma* (Lam.) Taub., *Dichrostachys cinerea* (L.) W. & A., *Diospyros melanoxylon* Roxb., *Wrightia tinctoria* R. Br., *Zizyphus nummularia* (Burm.f.) W. & A., etc.

O solo arenoso nos leitos dos rios na floresta da cordilheira de Danta da área de estudo tem uma vegetação muito pobre e algumas das plantas comuns típicas como *Alhagi pseudalhagi* (M.Bieb.) Desv., *Heliotropium supinum* Koen.ex. Retz., *Indigofera cordifolia* Heyne ex Roth., *Mollugo* e outras.

As árvores de folha caduca estão situadas em florestas densas, tanto em regiões montanhosas como em planícies. Observou-se que as espécies de Acanthaceae, Amaranthaceae, Asteraceae, Cucarbitaceae, Euphorbiaceae, Mimosaceae, Poaceae, Rhamnaceae, Rubiaceae, Sapindaceae, Solanaceae e Tiliaceae foram encontradas predominantemente em diferentes bolsas florestais.

Os matagais estão amplamente distribuídos nas zonas áridas e semiáridas da Terra, onde a precipitação total anual varia entre 25 e 100 cm.

Pode ser classificada em duas categorias, como se segue:

(1) A vegetação permanente que ocorre durante todo o ano e (2) a vegetação temporária que consiste em plantas anuais que crescem principalmente durante a curta estação das chuvas.

Os membros típicos das florestas de arbustos são:

Acacia nilotica (L.) Del. subsp. *indica* (Bth.) Brenan, *A. Senegal* (L.) Willd., *Balanites aegyptiaca* (L.) Del., *Capparis decidua* (Forsk.) Edgew, *C. sepiaria* L., *Dichrostachys cinerea* (L.) W. & A., *Limonia acidissima* L., *Zizyphus nummularia* (Burm.f.) W. & A., etc.

Além disso, alguns membros típicos da floresta são *Acacia chundra* (Roxb. ex Rottl.) Willd., *Anogeissus latifolia* (Roxb.) Wall. ex. Bedd., *Bombax ceiba* L., *Butea monosperma* (Lam.) Taub., *Diospyros melanoxylon* Roxb. e *Mitragynaparvifolia* (Roxb.) Korth.

O presente estudo enumerou 536 espécies, que pertenciam a 369 géneros e 109 famílias de plantas com flor.

Destas, as Dicotiledóneas contribuíram com 446 espécies de plantas pertencentes a 306 géneros e 89 famílias, o que é bastante superior ao das Monocotiledóneas.

As monocotiledóneas estão muito pouco representadas nesta zona em comparação com as dicotiledóneas. 61 géneros e 90 espécies pertencentes a 20 famílias de

As monocotiledóneas encontram-se na área de estudo.

As categorias fisionómicas destas espécies são as seguintes

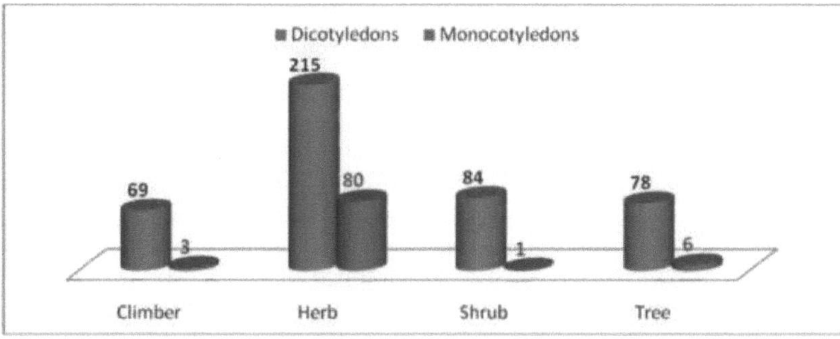

As ervas, que são representadas como uma espécie dominante, são vistas na floresta da cordilheira de Palanpur. O seu número é menor em Mokeshwer, Sedhani e Serpura (Shebhar) na cordilheira de Danta. As árvores e trepadeiras estão distribuídas em igual número em ambas as áreas. Os arbustos são dominantes na floresta da cordilheira de Danta.

O presente estudo enumerou 81 plantas cultivadas e 365 plantas silvestres que pertencem às dicotiledóneas, bem como 15 plantas cultivadas e 7 5 plantas silvestres das monocotiledóneas. A percentagem do total de plantas cultivadas é de 17,91% e a de plantas silvestres é de 82,09%.

No presente estudo, o espetro biológico da região de estudo indica um fitoclima "Thero-phanerophytic". Estas duas classes, terófita e fanerófita, são as que apresentam maior divergência em relação ao espetro normal. Os nano-fitnerófitos (N=8,02%) são ligeiramente inferiores ao espetro biológico normal (15,0%), os hemi-criptofitos (H=3,54%) são cerca de quatro vezes inferiores ao espetro biológico normal (9%). Pandit (2003) registou que o fitoclima do Norte de Gujarat é terofítico. Dabgar (2006) registou um fitoclima semelhante para o santuário de Balaram, no distrito de BanasKantha, no Norte de Gujarat.

Foi observado um total de 10 tipos de associações de vegetação. Entre elas, a associação *Acacia nilotica - Prosopis cineraria - Dichrostachys cinerea*, a associação *Albizia lebbeck - Acacia Senegal - Acacia nilotica - Zizyphus numularia - Cassia auriculata* e a associação *Butea monosperma - Terminalia arjuna - Acacia nilotica* foram encontradas em todo o lado. O nome de cada espécie é a associação em causa, de acordo com a sua dominância nessa associação específica. A associação *Butea monosperma - Salvadora persica - Diospyrus melanoxylon - Holoptelia integrifolia* é observada em algumas zonas da cordilheira de Palanpur, enquanto as aldeias de Serpura, Navi Sedhani e Juni Sedhani da cordilheira de Danta têm poucas zonas. *A associação Tectona grandis - Butea monosperma - Terminalia arjuna wrightia tictoria - Aegle mermelos* e a associação *Lannea coromandelica - Diospyrous melanoxylon - Terminalia arjuna- wrightia tictoria* encontram-se especialmente em Pavathi e Jalotra. A associação *Boswellia serrata - Diospyrous melanoxylon - Wrightia tictoria* na região nordeste da zona florestal.

Durante o estudo, as seguintes espécies de plantas foram registadas pela primeira vez, uma vez que não são mencionadas na "Flora of Gujarat State" de Shah (1978).

(1) *Sesamum orientale* Klein (Pedaliaceae)

Foi efectuado um estudo comparativo de oito famílias na área de estudo atual. Estas são as seguintes:

Sr. Não.	Nome da família	Saxton & Sedgwick (1918)	Shah (1978)	Patel K.C. (2003)	Patel K.M. (2008)	Estudo atual (2008)
1	Poaceae	257 (1)	241 (1)	22 (2)	43 (2)	40(1)
2	Papilionáceas	55 (7)	194 (2)	36(1)	56(1)	39 (2)
3	Asteraceae	197 (2)	89 (4)	22 (3)	36 (3)	28 (3)
4	Cucurbitáceas	27 (8)	33 (9)	8(7)	15(9)	22 (4)
5	Euphorbiaceae	91(4)	63 (6)	14(5)	26 (5)	21(5)
6	Convolvuláceas	24 (9)	52 (7)	14(6)	22 (7)	19(6)
7	Acantáceas	108 (3)	69 (5)	17(4)	24 (6)	19(7)
8	Amaranthaceae	23 (10)	26 (11)	12(7)	17(8)	16(8)

Poaceae é a família mais dominante e amplamente distribuída, com 7,68% da composição de espécies nesta área, enquanto 2,88% da composição pertence à família Mimosaceae.

Entre 367 géneros, *Ipomoea* (10 espécies), Cyperus (9 espécies), *Ephorbia* (8 espécies), *Cassia* (7 espécies), *Acacia* e *Cucumis* estão representados por 5 espécies.

Nesta área, 51 famílias são monogenéricas, das quais 39 são dicotiledóneas e 12 são monocotiledóneas. 42 famílias são monoespecíficas.

A subclasse Polypatalae é dominante tanto nas plantas cultivadas (21,50%) como nas silvestres (78,50%).

Análise fitossociológica

Para estudos fitossociológicos, foram estabelecidas 165 parcelas de amostragem, cada uma com 50 x 50 m^2 , em todas as aldeias com floresta de reserva e sem reserva na nossa área de estudo. Viz. Serpura perto do templo de Sebhargog, Bhakhari, Nava serpura, NaviSedhani, Sedhani, Motipura, Paniari, Dhoda, Jalotra, Joita, Pavathi, Dhori, etc. Foram seleccionadas parcelas de 10 x 10 m^2 para árvores, 5 x 5 m^2 para arbustos e trepadeiras; e 1 x 1 m^2 para ervas e gramíneas.

A área atual tem uma boa diversidade de espécies de árvores e foi registado um total de 84 espécies. As árvores que têm mais de 10 cm de altura bruta são contadas e a frequência de todas as espécies de árvores é calculada.

A Acacia nilotica (L.) Del. é uma espécie arbórea dominante, representada por 3206 árvores. As restantes cinco espécies dominantes apresentam 10266 árvores. Das 17799 árvores, as restantes espécies são em número de 7533.

3206 árvores de *Acacia nilotica* (L.) Del., 2913 *Butea monosperma* (Lam.) Thub., 1782 *Acacia Senegal* Willd., 1462 *Anogeissus latifolia*

(Roxb.) Wall. ex. Bedd. e 903 *Acacia chundra* (Roxb. ex Rottl.) Willd., são de 17799 e as restantes são outras 57 espécies de árvores.

Fig:- - Número total de árvores na área de estudo

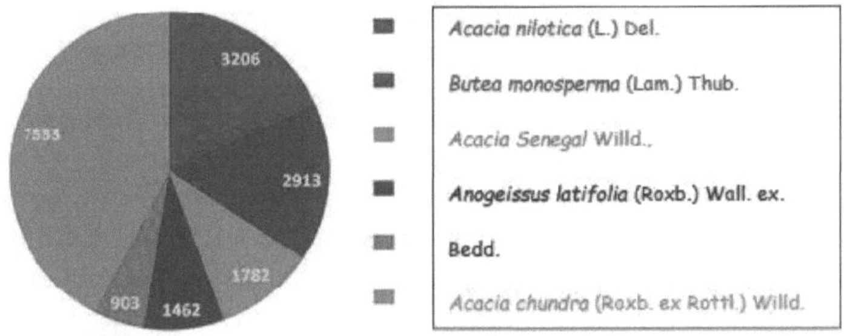

Acacia nilotica (L.) Pel.
Butea monosperma (Lam.) Thub.
Acácia Senegal Willd..,
Anogeissus latifolia (Roxb.) Wall. ex.
Cama.
Acacia chundra (Roxb. ex Rottl.) Willd.

Para o estudo do GBH, o número máximo de árvores (15587) situa-se entre 11 e 60 cm de GBH, 1744 árvores situam-se entre 61 e 120 cm de GBH e apenas 23 árvores situam-se entre 181 cm e mais de GBH. O GBH máximo é registado no *Ficus benghalensis* L.

As análises relativas à abundância e distribuição da flora sugerem o maior número de espécies de plantas na floresta da cordilheira de Palanpur. As espécies herbáceas são dominantes na floresta da cordilheira de Palanpur.

Das 84 espécies de árvores, foram registadas 62 espécies em 165 parcelas de amostragem. Existe uma grande variação entre a vegetação das partes montanhosas e as planícies que as rodeiam. A floresta divide-se em copa superior, copa intermédia e copa do solo. A composição das florestas varia muito consoante a altitude, o solo, a natureza do declive e a capacidade de retenção de água do solo.

De um total de 536 espécies, foram registadas 295 espécies de ervas na área de estudo. Foram enumeradas 212 ervas nas parcelas de amostragem e 83 espécies fora das parcelas. *Achyranthes aspera* L. var. *aspera, Cynodon dactylon* (L.) pers., *Alternanthera sessilis* (L.) De., *Indigofera cordifolia* Heyne ex Roth., *Cassia tora* L., *Indigofera linifola* Retz. e *Cyperus rotundas* L. apresentam a frequência, abundância e densidade máximas. A flora terrestre é constituída principalmente por plantas anuais. As ervas pertencem maioritariamente a Poaceae, Fabaceae, Amarantheceae, Asteraceae, Cypraceae e Malvaceae.

Foi registado um total de 84 espécies de arbustos na área de estudo. As espécies arbustivas com maior frequência são *Capparis sepiaria* L., *Capparis decidua* (Forsk.) Edgew., *Abutilon indicum* Guill., *Sida ovata* Forsk. e *Kirganelia reticulata* (Poir.) Baill.

A maioria das espécies trepadeiras cresce na monção, após a primeira chuva. As trepadeiras são muito observadas na área densa da floresta. As espécies de trepadeiras são 72 na área, para o estudo *Ipomoea pes-tigridis* L., *Rhynchosia minima* (L.) DC.,

Cocculus hirsutus (L.) Diels, *Abrus precatorius* L., *Tinospora cordifolia* (Willd) Miers relataram.

Espécies de ervas, nomeadamente *Lepidagathis cristata* Willd, *Chlorophytum borivilianum* Sant., *Zornia gibbosa* Span., *Sesamum orientale* Klein., *Chlorophytum tuberosum* (Roxb.), *Orobanche aegyptica* Pers. *Curcuma inodora* Blatter. *Amorphophallus commutatus* (Roxb.) Bl. *Lindenbergia muraria* (Roxb. ex D. Don) P. Bruehl, *Cannabis sativa* L. são observadas em algumas parcelas de amostragem. Assim como espécies arbustivas de *Grewia subinequalis* DC. *Woodfordia floribunda* Salisb *Commifora wigtii* (Am.) Bhandari, *Manilkara zapotaC., Desmodium gangeticum* (L.) *DCEuphorbia neriifolia* L., *Acacia jacquemontii* Bth., *Strychnos potatorum* L., *Breynia retusa* (Dennst.) Alst. e trepadeiras viz. *Ampelocissus latifolia* (Roxb.) planch. *Dregia volubilis* (L. f.) Bth. *Hemidesmus indicus* (L.) Schult. *Arygyreia nervosa* Boj. *Gloriosa superba* L., *Leptadenia pyrotechnica* (Forsk.) *Leptadenia raticulata* (Retz.) W. & A. são encontradas em algumas parcelas de amostragem.

As espécies arbóreas viz. *Hymenodictyon excelsum* (Roxb.) Wall., *Guazuma ulmifolia* Lam., *Phoenix sylvestris* (L.) Roxb., *Anthocephalus kadamba* L., *Holoptelea integrifolia* (Roxb.) Planch, *Morinda tomentosa* Heyne ex Roth, *Ficus drupacea* Thunb var. *Pubescens* Roth. *Tecomella undulata* (Sw.) Seem. e *Boswellia serrata* Roxb. são raras e ameaçadas nesta zona.

Em geral, a destruição das florestas é classificada em duas categorias: natural e provocada pelo homem (antropogénica).

Para as suas necessidades quotidianas, as tribos utilizam diferentes plantas de acordo com as necessidades especiais e com as propriedades das espécies vegetais para fins especiais, como fazer fogo, chifres, corpo e roupas, alimentar o gado com líquidos, escovar os dentes, prever o tempo, cobrir a boca do gado e tratamento pós-natal (cuidados com os filhotes). Devido a estas necessidades, várias espécies são sobre-exploradas, o pastoreio intenso do gado, o corte de erva, o corte de árvores para forragem e madeira, a recolha de lenha, a recolha de PFNM, a exploração mineira, a construção de barragens e estradas, a caça furtiva, a recolha botânica indiscriminada, a invasão, o ecoturismo e as espécies invasoras conduzem à diminuição da floresta.

Todas as causas acima referidas conduzem à perda de biodiversidade e à eventual degradação dos recursos. Os incêndios florestais não constituem um problema grave na zona, mas são bastante prejudiciais para a flora terrestre e para a regeneração natural jovem.

As actividades mineiras causam a destruição da floresta na área de estudo. As pessoas obtêm cascalho e pedra para a construção civil.

As espécies invasoras entraram na zona florestal e impedem o crescimento de outras gramíneas e ervas úteis.

As 12 espécies de plantas mais utilizadas são enumeradas a seguir, por ordem decrescente do número de aplicações, com o nome local da planta.

1. *Butea monosperma* (Lam.) Taub. / Khakharo
2. *Azadirachta indica* A.Juss /Limdo

3. *Acacia nilotica* (L.) Del. subsp. *indica* (Bth.) Brenan / Deshi baval
4. *Zizyphus mauritiana* Lam. / Bordi
5. *Anogeissus latifolia* (Roxb.) Wall. ex. Bedd. / Dhav
6. *Boswellia serrata* Roxb. ex Colebr. / Salar
7. *Lannea coromandelica* (Houtt.) Merrill / Golaro
8. *Acacia chundra* (Roxb. ex Rottl.) Willd. / Kher
9. *Madhuca indica* J.F. Gmel. / Mahudo
10. *Mangifera indica* L. / Ambo
11. *Prosopis chilensis* (Molina) Stuntze. / Gando Baval
12. *Phoenix sylvestris* (L.) Roxb. / Khajuri

A fim de conseguir a conservação e o desenvolvimento do habitat, são necessárias medidas de proteção eficaz da zona contra todos estes factores, o mais cedo possível.

As pressões antropogénicas nas áreas de reserva de Serpura, Jalotra, Joita, Pavathi, Mumanvas e Dhori mostram que muitas espécies vegetais estão ameaçadas, pelo que se recomenda ao departamento florestal que proteja a área o mais cedo possível e restrinja qualquer tipo de actividades.

A criação de barreiras físicas, como vedações de arame ou muros de pedra à volta da floresta, e o patrulhamento regular no interior das florestas durante as várias estações do ano na floresta de reserva protegerão a área e contra a pressão.

No que diz respeito às actividades mineiras, não serão autorizados novos contratos de exploração mineira na zona florestal de reserva.

As comunidades/grupos podem receber subsídios ou incentivos para proteger/conservar uma área ou certas plantas criticamente ameaçadas.

Todas as escolas, colégios e outras instituições de ensino, tanto governamentais como privadas, devem ser encorajadas a cultivar a PFNL.

Devem ser realizados programas de formação para funcionários florestais para a identificação e conservação de plantas ameaçadas. As ONG envolvidas na conservação devem ser associadas às iniciativas de conservação. As tribos que residem na zona florestal possuem conhecimentos tradicionais. Através de experiências prolongadas, transmitiram esses conhecimentos de geração em geração. É necessário recolher, documentar e preservar estes conhecimentos tradicionais para o futuro.

Deve ser prestado apoio financeiro e técnico à criação de bancos regionais de genes e de repositórios de culturas de tecidos.

Sugestões

1. Expansão das espécies vegetais que crescem fora da área florestal.
2. A participação das pessoas na conservação da diversidade vegetal.
3. Salvar espécies vegetais raras, em perigo e ameaçadas através de vários métodos.
4. Envolvimento dos agricultores, das tribos e das ONG para melhorar os produtos florestais.
5. Documentação dos conhecimentos tradicionais existentes.
6. Nomeação de pessoal suficiente como guardas do Beat e outros postos e utilização

de equipamento.

7. Sensibilização das pessoas para a conservação das espécies vegetais através de CD, cartazes, brochuras, vídeos e outras técnicas.
8. Restrição ao ecoturismo na zona da reserva florestal.

É necessário fazer o recenseamento da vida selvagem, efetuar levantamentos florísticos periódicos e manter fichas de dados, etc., porque o cenário florestal muda de dia para dia.

No final, é minha humilde convicção que os dados contidos neste trabalho de investigação são de grande valor por serem em primeira mão e fiáveis e serão úteis para planeadores florestais, taxonomistas, botânicos, ambientalistas, empresas farmacêuticas e outros utilizadores dos recursos florestais da Índia em geral e de Gujarat em particular.

Referências

Ahuja, K.K. e Pataskar, R.D. (1970). **Additions to the Flora of Gujarat.** *Ind. For.* **96(8):** 628-629.

Ant, H.M. (2000). **Estudos etnobotânicos de Angiospermas de Arvalli no distrito de Banaskantha, no norte de Gujarat. Tese de doutoramento, Bhavnagar Uni. Bhavnagar.**

Asari, R. J. (1996). An Unpublished chakelist, Flora of Banaskantha. Floresta Departamento de Banaskantha.

Bentham, G. e Hooker, J. D. (1862-1883). **Genera Plantarum. Vols.** I & II. Londres.

Bhandari, M. M. (1990). ' Flora of the Indian Desert' MPS Reports, 39, BGKT Extension, New Pall Road, Jodhpur, Rajasthan.

Bharathi 5. G. (1959). *A brief* **account of the flora of Visnagar, North Gujarat and it's environs.** J. Bombay Nat. Hist. 5oc. 56: 588 -610.

Bhatt D. C. e J. A. Inamdar (1971). **Mais uma adição à flora de Saurastra.** Vak. J. Universidade de Saurastra, Rajakot. P: 271-278.

Bhatt, R. R. (1969). *Uma* **contribuição para a vegetação e flora da região de Khedbrahma no norte de Gujarat.** Bull. Bot. Surv. India. 2(3-4):311-321.

Bhatt, R. R. e Sabnis, 5. b. (1974). **The forest vegetation and Phytogeography of Khedbrahma of Noth Gujarat.** The Botanique 6(l):37-48.

Blatter, E. (1908). Flora de Bombay Precidency; Notas estatísticas e biológicas. J. Bom. Nat. Hist. Soc. 18(1):562-571.

Blatter, E. (1909). Flora da Precidência de Bombaim; Notas estatísticas e biológicas. J. Bom. Nat. Hist. Soc. 18(1):562-571.

Champion, H. G. e Seth, 5. K. (1968). *A* **revised survey of forest types of India,** FRI, behradun.

Chavan, A. R. (1961). **Flora da colina de bevgadh, bevgadh Baria, Estado de Guj arat,** J. M. 5. Universidade, Baroda **10(3):** 4357.

Chavan, A.R. e Oza, G.M. (1966). **Contribute to the Flora of bangs Forest in Gujarat.** *Indian Forester.* **92(8):** 533-535.

Cooke, T. (1901-1908). **A flora da Presidência de Bombaim. Vol.-I, II e III.** Londres. (Botanical Survey of India, reimpresso em 1958, **Vol. I-III,** Calcutá).

Curtis e McIntosh, (1950). **Research Methodology in plat science P.117-126.**

babgar, P. J, babgar, Y. B e Jain, B. K. (2006) **"Espectro biológico da vegetação de Balaram Senctuary Banaskantha bist (N. Guj)"** AbV Bio Science, **2**

beshpande, M.B. (1968). *A* **Contribution to the Flora of Tuwa, Panchmahals**

district, Gujarat. Tese de doutoramento apresentada à Universidade Sadar Patel, Vallabh Vidhyanagar.

GEC. (1996). **Biological diversity of Gujarat:** Current knowledge. Comissão Ecológica de Gujarat, Vadodara.

J. D. Hooker, (1862-83). **Genera Plantarum.** London.

Mishra, R. (1968). **Ecology works book,** Oxford &. IBH Publishing Co. New Delhi, **P.244.**

MoEF (1993). Conservation of Medicinal plants of India (Conservação de plantas medicinais da Índia). Botanical Survey of India.

Nayar, M.P. e Sastry, A.R.K. 1987. **Red data book of Indian plants.** No. 1. Botanical Survey of India, Calcutá.

Nayar, M.P. e Sastry, A.R.K. 1988. **Red data book of Indian plants.** No. 2. Botanical Survey of India, Calcutá.

Pandit, B. R. (2003). **Biodiversity of Tropical dry deciduous forest ecosystem.** XII Congresso Florestal Mundial, cidade do Quebeque, Canadá: 1.

Patel, D. M. (2004). **Estudo eco-florístico e etnomedicinal da floresta de Taranga.** Tese de Doutoramento, North Guj. Uni. Patan.

Patel, K. C. (2003). **Estudos florísticos e etnobotânicos da floresta da cordilheira de Danta no norte de Gujarat. Ph.**D. Theisis, 5. P. University, V. V. nagar, Gujarat.

Patel, K. M. (2008). **Diversidade florística e etnobotânica da floresta da cordilheira de Amirgadh no distrito de Banaskantha (Gujarat), Vol. I & II, A Ph.**D. Tese, submetida à Hem. Universidade de Gujarat do Norte, Patan, Gujarat (Índia).

Patel, N. B. (2001). **Levantamento dos recursos vegetais da floresta de Dholwani, distrito de Sabarkantha.** Tese de doutoramento. North Guj. Universidade. Patan, Gujarat.

Patel, N. K. (2000). **Estudo fitossociológico e etnobotânico de banta taluka, bist. Banaskantha.** Tese de doutoramento, North Guj. University, Patan, Gujarat.

Patel, R. I. (1971). **Forest flora of Gujarat state.** Forest bept. Estado de Gujarat, Baroda, 1:381.

Patel, R. 5. (2003). **Floristic and Ethnobotanical studies of Ambaji forest of North Gujarat.** Tese de doutoramento, Universidade de 5. P., V. V. nagar, Gujarat.

Prajapati, M.M. (2001). **Levantamento das comunidades vegetais e estudo dos aspectos etnobotânicos da floresta de Shamlagi.** Tese de doutoramento, North Guj. University, Patan, Gujarat.

Punjani, B. L. (1998). **Um estudo etnobotânico da área tribal do distrito de Sabarkantha.** Tese de doutoramento, North Guj. University. Patan, Gujarat.

Raunkiaer, C. (1934), **"The life Form of Plant and statistical Plant geography"** Clarendon Press, Oxford England, P:632.

Santapau, H. (1953). **A flora de Khandala nos Ghats Ocidentais da Índia.** Rec. Botanical Survey of India, **16(1)** (ed. 3): 1:372.

Santapau, H. (1953-1954). **'Contribuição para a botânica da floresta de bangs em Gujarat'.** J. Guj. Res. Soc. 16:204-320. &. 17: 1-59.

Santapau, H. (1962). **The Flora of Saurashtra** I. Ranunculaceae to Rubiaceae. Sociedade de Investigação de Saurashtra, Rajkot.

Santapau, H. e Janardhanan, K. P. (1966). **A Flora de Saurashtra.** Bull. Bot. Surv. India 8: Suppl. 1:1-58.

Saxton W. T. e Sedgwick L. J. (1918). **Plantas do Norte de Gujarat.** Rec. Botanical Survey of India. 6(7): 209-323.

Shah, C.K. (1964a). **The Vegetation of Taranga hills in Gujarat** I. Proc. Indian Sci. Congress Abstr. Pt. 3:441.

Shah, C.K. (1964b). The Vegetation of Taranga hills in Gujarat II. *Ibid.* Abs.

Shah, G. L. (1978). **Flora do Estado de Gujarat. Vol. I & II.** 5. P. University Press, V. V. nagar, Gujarat.

Shah, G. L. e Inamdar, J. A. (1965). **Further contribution to the Flora of Pavagadh hill near Baroda, Gujarat.** *J. Bombay Nat. Hist. Soc.* **63(2):** 279-284.

Shah, G. L. e Patel. R. J. (1967). **Further Contribution to the Flora of Gujarat State.** *J. Guj. Univ.* **10(1):** 231-237.

Shah, G. L. e Singh, V. K. (1970). **Further Contributions to the Flora of Rajpipla forests, Gujarat.** *Indian Forester.* **96(2):** 120-126.

Shah, G.L. (1967). *A* **contribution to the flora of Rajpipla forest in Gujarat State.** *Ind. For.* **93:** 672-676

Sharma, P. D. (2004), **Ecology and Environment.** . Publicações Rastogi Meerut. P : 173-198.

Sidana, B. 5. (2001). **Levantamento dos recursos vegetais da área florestal de Vijaynagar do distrito de Sabarkantha.** Tese de doutoramento, North Guj. University, Patan, Gujarat.

Sutaria, R. N (1962). *A* **text Book of Systematic Botany,** 3rd Edition, Khadoyo Book Depot, Ahmedabad, Gujarat, P:414.

Thaker, b. N., Sabnis, 5. b. e Bedi, 5. J. (1968-1969). *A* **contribution to the Flora and Vegetation of Chhotaudepur range, Gujarat State,** *India. Journ. Univ. Baroda* **17-18:** 83-100.

Thaker, J. I. (1910). **Vanapati sastra Barda bungarni Jadibuti ane teni pariksha ane upyog (Botânica - Uma descrição completa e abrangente da flora da montanha de Barda (Kathiawad).** Gujarat printing press Bombay.

Yogi, b. V. (1970). *A* **Contribution to the Flora of North Gujarat.**
Tese de doutoramento, Universidade de 5. P., V. V. nagar, Gujarat.

Zeven, *A.C.* e J. M. J. de Wet. (1982). **bicionário de plantas cultivadas e suas regiões de diversidade.** Wageningen. P:259.

MIX
Papier aus verantwortungsvollen Quellen
Paper from responsible sources
FSC® C105338

FSC
www.fsc.org

Printed by Books on Demand GmbH, Norderstedt / Germany